미용사(피부)
국가자격증 취득을 위한

피부미용사
한방에 합격하기

미용사(피부) 국가자격증 취득을 위한
피부미용사 한방에 합격하기

초판 인쇄   2017년 8월 8일
초판 발행   2017년 8월 11일

글 쓴 이   김재희 안남훈 조숙 황혜주
모　　델   강수연
제품지원   (주)상아코스메틱 전재태
포　　토   이청주
펴 낸 이   김재광
펴 낸 곳   솔과학
등　　록   제313-2003-000358호
주　　소   서울특별시 마포구 독막로 295번지 302호(염리동 삼부골든타워)
전　　화   02-714-8655
팩　　스   02-711-4656
E-mail   solkwahak@hanmail.net

ISBN   979-11-87124-24-5 (93590)
ⓒ 솔과학, 2017

값 25,000원

※ 이 책의 내용 전부 또는 일부를 이용하려면
　반드시 저작권자와 도서출판 솔과학의 서면동의를 받아야 합니다.

미용사(피부)
국가자격증 취득을 위한

피부미용사
한방에 합격하기

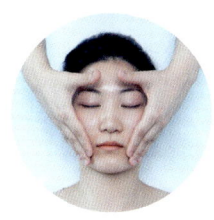

이 책을 펴내며…

최근 국가적으로 청년실업과 경력단절자의 새로운 일자리 창출이 화두에 오르면서 각 산업분야에 대한 인적자원 발굴과 함께 취·창업의 기회를 확대하기 위한 노력이 지속적으로 이루어지고 있다. 이러한 시대적 흐름에 따라 피부미용 산업에도 많은 변천이 있었다. 2008년 하반기 한국산업인력공단에서 미용사(피부) 국가자격시험을 신설하여 스킨케어 분야가 전문직종으로 인정받을 수 있는 계기가 되었고, 취업의 기회와 창업이 활발해져 2017년 4월 기준 전국 25,880개의 업소가 성업(자료출처: 통계청)을 하고 있어 국가경제발전과 일자리 창출에 한 몫을 하고 있다. 또한 가까운 미래에 다가올 4차 산업혁명을 대비하는 시각에서도 피부미용업은 의료 및 보건산업, 화장품산업, 교육산업, 인력수출, 마케팅 산업 등 사회의 여러 분야와 협업할 수 있는 융복합 산업으로 발전가능성이 매우 높으며 국가 정책적으로 장려하는 산업의 한 분야로 발돋움 하고 있다. 앞으로 피부미용분야가 학문과 산업의 통섭으로 더욱 발전하기를 바라며, K-beauty가 전 세계로 뻗어나갈 그 날을 기대해본다.

본 교재는 미용사(피부) 국가자격시험의 수험생을 대상으로 한 실기교재이며, 피부미용 입문자도 이해하기 쉽도록 실기과제를 단계별로 집필하였다.

본서의 구성과 특징은 다음과 같다.

제 0과제는 자격시험 안내로, 자격시험 안내 및 출제기준과 공개과제, 실기시험 전 준비사항에 대해 설명하였다.

제 1과제는 얼굴관리로, 관리계획표 작성, 클렌징, 눈썹정리, 딥클렌징, 매뉴얼테크닉, 팩, 마스크 및 마무리에 대해 설명하였다.
'미리 알아 두세요'라는 코너를 통해 목적과 시술시간을 간략하게 설명하였으며, 시험장에서 자주 실수하는 중요포인트를 정리해 놓음으로써 수험자들에게 전체 과정을 한눈에 알아볼 수 있도록 하였다. 또한 '주의사항'이란 코너를 통해 시험 중 작고 사소한 것들로 인해 감점 받을 수 있는 요인들을 자세하게 정리해 놓았다.

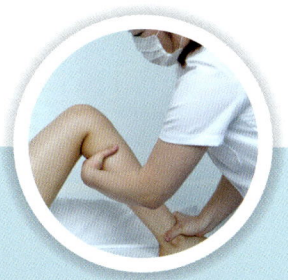  

제 2과제는 팔·다리·제모관리로, 팔관리, 다리관리, 제모에 대해 설명하였다.
새로운 용어의 표기는 *로 표기하여 각주처리 하였다.
제 3과제는 림프를 이용한 피부관리로, 림프드레나쥐 실기에 대해 설명하였다.
새로운 용어의 표기는 1), 2)로 표기하여 각주처리 하였고, '수험자 유의사항' 및 '체크포인트'와 실기동작 부분의 Tip 정리를 통해 림프드레니쥐 시험 준비 시 익히고 주의해야 하는 사항들을 자세하게 정리해 놓았다.

부록은 실기시험 전 최종 점검 체크리스트로 구성하였다.
각 과제마다 시행되는 중요한 동작은 그림과 사진을 함께 삽입하여 변별력을 높였다.
수험자가 실수하기 쉬운 부분은 파란색으로 처리하여 혼란이 없도록 하였다.

저자 모두가 미용사(피부) 국가자격시험에 대한 최고의 실기교재를 만들겠다는 목표를 가지고 최선을 다했지만 집필과 편찬과정에서 미흡한 점이 있으리라 생각된다. 이러한 점들은 지속적인 연구와 트렌드 분석을 통해 수정·보완해 나갈 것을 약속드리며 부디 수험자 필독서가 되어 실기시험을 준비하는 많은 분들에게 도움이 되기를 바란다.

끝으로 이 책이 나오기까지 애써주신 저자들과 강수연 모델, 화장품 및 소모품을 지원해주신 (주)상아코스메틱 전재태 사장님, 사진촬영에 힘써주신 이청주 작가님, 일러스트와 편집을 맡아주신 블루디자인 오흥만 실장님, 출판을 위해 고생을 아끼지 않으신 솔과학 출판사 김재광 대표와 직원분들께 진심으로 감사의 마음을 전합니다.

김재희·안남훈·조숙·황혜주
(가나다순)

Contents

■ 이 책을 펴내며   4

제 0 과제   자격시험 안내

1 자격시험 안내   10
2 출제기준(필기)   12
3 출제기준(실기)   15
4 국가기술자격 실기시험 공개과제   18
5 실기 시험 전 준비사항   31

제 1 과제   얼굴관리

첫째 작업_ **관리계획표 작성**   42
둘째 작업_ **클렌징**   49
셋째 작업_ **눈썹정리**   74
넷째 작업_ **딥클렌징**   79
다섯째 작업_ **매뉴얼테크닉**   92
여섯째 작업_ **팩**   114
일곱째 작업_ **마스크 및 마무리**   118

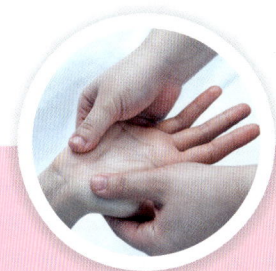

제 2 과제 팔·다리·제모관리

첫째 작업_ **팔관리**   136
둘째 작업_ **다리관리**   145
셋째 작업_ **제모**   153

제 3 과제 림프를 이용한 피부관리

첫째 작업_ **림프드레나쥐 실기**   163

부록 최종 점검 체크리스트   183

제 **0** 과제

자격시험 안내

1. 자격시험 안내

자격명	미용사(피부)	영문명	Esthetician	관련 부처	보건복지부	시행 기관	한국기술자격검정원

개요

피부미용업무는 공중위생분야로서 국민의 건강과 직결되어 있는 중요한 분야로 향후 국가의 산업구조가 제조업에서 서비스업 중심으로 전환되는 차원에서 수요가 증대되고 있다. 머리, 피부미용, 화장 등 분야별로 세분화 및 전문화되고 있는 미용의 세계적인 추세에 맞추어 피부미용을 자격제도화함으로써 피부미용분야 전문인력을 양성하여 국민의 보건과 건강을 보호하기 위하여 자격제도를 제정

수행직무

얼굴 및 신체의 피부를 아름답게 유지·보호·개선 관리하기 위하여 각 부위와 유형에 적절한 관리법과 기기 및 제품을 사용하여 피부미용을 수행

실시기관 홈페이지

www.q-net.or.kr

진로 및 전망

미용사, 미용강사, 화장품 관련 연구기관, 피부미용업 창업, 유학 등

취득방법

1) 시행처 – 한국기술자격검정원
2) 훈련기관 – 대학 및 전문대학 미용관련학과, 노동부 관할 직업훈련학교, 시·군·구 관할 여성발전(훈련)센터, 기타 학원 등
3) 시험과목 – 필기시험 : 1. 피부미용학, 2. 피부학 및 해부생리학, 3. 피부미용기기학, 4. 화장=품학 , 5. 공중위생관리학
   – 실기시험 : 피부미용실무
4) 검정방법 – 필기 : 객관식 4지 택일형, 60문(60분)
   – 실기 : 작업형(2~3시간)
5) 합격기준 : 100점 만점에 60점 이상
6) 응시자격 : 제한없음

검정현황

연도	필기			실기		
	응시	합격	합격률(%)	응시	합격	합격률(%)
소 계	509,590	259,047	50.8%	376,447	162,581	43.2%
2015	51,397	19,801	38.5%	37,652	13,752	36.5%
2014	68,971	23,308	33.8%	42,392	14,147	33.4%
2013	80,265	33,439	41.7%	49,004	17,288	35.3%
2012	62,386	30,496	48.9%	41,768	16,976	40.6%
2011	43,413	29,612	68.2%	45,345	20,004	44.1%
2010	62,725	37,089	59.1%	55,518	24,862	44.8%
2009	73,890	34,825	47.1%	63,649	32,379	50.9%
2008	66,543	50,477	75.9%	41,119	23,173	56.4%

www.q-net.or.kr

2. 출제기준(필기)

직무분야	이용·숙박·여행·오락·스포츠	중직무분야	이용·미용	자격종목	미용사(피부)	적용기간	2016. 7. 1. ~ 2020. 12. 31.

■ **직무내용** : 고객의 상담과 피부분석을 통해 안정감 있고 위생적인 환경에서 얼굴, 신체부위별 피부를 미용기기와 화장품을 이용하여 서비스를 제공하는 직무 수행

필기검정방법	객관식	문제수	60	시험시간	1시간

필기과목명	문제수	주요항목	세부항목	세세항목
피부미용이론 해부생리학 피부미용 기기학 공중위생 관리학 화장품학	60	1. 피부미용이론	1. 피부미용개론	1. 피부미용의 개념 2. 피부미용의 역사
			2. 피부분석 및 상담	1. 피부분석의 목적 및 효과 2. 피부상담 3. 피부유형분석 4. 피부분석표
			3. 클렌징	1. 클렌징의 목적 및 효과 2. 클렌징 제품 3. 클렌징 방법
			4. 딥클린징	1. 딥클렌징의 목적 및 효과 2. 딥클렌징 제품 3. 딥클렌징 방법
			5. 피부유형별 화장품 도포	1. 화장품도포의 목적 및 효과 2. 피부유형별 화장품 종류 및 선택 3. 피부유형별 화장품 도포
			6. 매뉴얼 테크닉	1. 매뉴얼 테크닉의 목적 및 효과 2. 매뉴얼 테크닉의 종류 및 방법
			7. 팩·마스크	1. 목적과 효과 2. 종류 및 사용방법
			8. 제모	1. 제모의 목적 및 효과 2. 제모의 종류 및 방법
			9. 신체 각 부위(팔, 다리 등) 관리	1. 신체 각 부위(팔, 다리 등) 관리의 목적 및 효과 2. 신체 각 부위(팔, 다리 등) 관리의 종류 및 방법
			10. 마무리	1. 마무리의 목적 및 효과 2. 마무리의 방법
			11. 피부와 부속기관	1. 피부구조 및 기능 2. 피부 부속기관의 구조 및 기능
			12. 피부와 영양	1. 3대 영양소, 비타민, 무기질 2. 피부와 영양 3. 체형과 영양
			13. 피부장애와 질환	1. 원발진과 속발진 2. 피부질환

필기과목명	문제수	주요항목	세부항목	세세항목
피부미용이론 해부생리학 피부미용 기기학 공중위생 관리학 화장품학	60		14. 피부와 광선	1. 자외선이 미치는 영향 2. 적외선이 미치는 영향
			15. 피부면역	1. 면역의 종류와 작용
			16. 피부노화	1. 피부노화의 원인 2. 피부노화현상
		2. 해부생리학	1. 세포와 조직	1. 세포의 구조 및 작용 2. 조직구조 및 작용
			2. 뼈대(골격)계통	1. 뼈(골)의 형태 및 발생 2. 전신뼈대(전신골격)
			3. 근육계통	1. 근육의 형태 및 기능 2. 전신근육
			4. 신경계통	1. 신경조직 2. 중추신경 3. 말초신경
			5. 순환계통	1. 심장과 혈관 2. 림프
			6. 소화기계통	1. 소화기관의 종류 2. 소화와 흡수
		3. 피부미용 기기학	1. 피부미용기기 및 기구	1. 기본용어와 개념 2. 전기와 전류 3. 기기·기구의 종류 및 기능
			2. 피부미용기기 사용법	1. 기기·기구 사용법 2. 유형별 사용방법
		4. 화장품학	1. 화장품학개론	1. 화장품의 정의 2. 화장품의 분류
			2. 화장품제조	1. 화장품의 원료 2. 화장품의 기술 3. 화장품의 특성
			3. 화장품의 종류와 기능	1. 기초 화장품 2. 메이크업 화장품 3. 모발 화장품 4. 바디(body)관리 화장품 5. 네일 화장품 6. 향수 7. 에센셜(아로마) 오일 및 캐리어 오일 8. 기능성 화장품
			1. 공중보건학	1. 공중보건학 총론 2. 질병관리 3. 가족 및 노인보건 4. 환경보건 5. 식품위생과 영양 6. 보건행정

필기과목명	문제수	주요항목	세부항목	세세항목
피부미용이론 해부생리학 피부미용 기기학 공중위생 관리학 화장품학	60	5. 공중위생 관리학	2. 소독학	1. 소독의 정의 및 분류 2. 미생물 총론 3. 병원성 미생물 4. 소독방법 5. 분야별 위생 · 소독
			3. 공중위생관리법규 (법, 시행령, 시행규칙)	1. 목적 및 정의 2. 영업의 신고 및 폐업 3. 영업자준수사항 4. 면허 5. 업무 6. 행정지도감독 7. 업소 위생등급 8. 위생교육 9. 벌칙 10. 시행령 및 시행규칙 관련사항

3. 출제기준(실기)

직무분야	이용·숙박·여행·오락·스포츠	중직무분야	이용·미용	자격종목	미용사(피부)	적용기간	2016. 7. 1. ~ 2020. 12. 31.

- **직무내용** : 고객의 상담과 피부분석을 통해 안정감 있고 위생적인 환경에서 얼굴, 신체 부위별 피부를 미용기기와 화장품을 이용하여 서비스를 제공하는 직무 수행
- **수행준거** : 1. 피부미용 실무를 위한 준비 및 위생사항 점검을 수행할 수 있다.
  2. 피부의 타입에 따른 클렌징 및 딥클렌징을 할 수 있다.
  3. 피부의 타입별 분석표를 작성할 수 있다.
  4. 눈썹정리 및 왁싱 작업을 수행할 수 있다.
  5. 손을 이용한 얼굴 및 신체 각 부위(팔, 다리 등) 관리를 수행할 수 있다.

실기검정방법	작업형	시험시간	2시간 15분 정도

실기과목명	주요항목	세부항목	세세항목
피부미용 실무	1. 피부미용 위생관리	1. 피부미용 작업장위생 관리하기	1. 위생관리 지침에 따라 피부미용 작업장 위생 관리 업무를 책임자와 협의하여 준비, 수행할 수 있다. 2. 쾌적함을 주는 피부미용 작업장이 되도록 체크리스트에 따라 환풍, 조도, 냉·난방시설에 대한 위생을 점검할 수 있다. 3. 위생관리 지침에 따라 피부미용 작업장 청소 및 소독 점검표를 기록할 수 있다. 4. 피부미용 작업장 소독계획에 따른 작업장 소독을 통해 작업장의 위생 상태를 관리할 수 있다.
		2. 피부미용 비품위생 관리하기	1. 위생관리 지침에 따라 피부미용 비품의 위생관리 업무를 책임자와 협의하여 준비, 수행할 수 있다. 2. 위생관리 지침에 따라 적절한 소독방법으로 피부관리실 내부의 비품을 소독하여 보관할 수 있다. 3. 소독제에 대한 유효기간을 점검할 수 있다. 4. 사용종류에 알맞은 피부미용 비품의 정리정돈을 수행할 수 있다.
		3. 피부미용사 위생관리하기	1. 위생관리 지침에 따라 피부미용사로서 깨끗한 위생복, 마스크, 실내화를 구비하여 착용할 수 있다. 2. 장신구는 피하고 가벼운 화장과 예의 있는 언행으로 작업장 근무수칙을 준수할 수 있다. 3. 위생관리 지침에 따라 두발, 손톱 등 단정한 용모와 신체 청결을 유지할 수 있다.
		1. 얼굴 클렌징하기	1. 얼굴피부유형별 상태에 따라 클렌징 방법과 제품을 선택할 수 있다. 2. 눈, 입술 순서로 포인트 메이크업을 클렌징 할 수 있다. 3. 얼굴피부유형에 맞는 제품과 테크닉으로 클렌징 할 수 있다. 4. 온습포 또는 경우에 따라 냉습포로 닦아내고 토닉으로 정리할 수 있다.

실기과목명	주요항목	세부항목	세세항목
	2. 얼굴관리	2.. 눈썹 정리하기	1. 눈썹 정리를 위해 도구를 소독하여 준비할 수 있다. 2. 고객이 선호하는 눈썹형태로 정리 할 수 있다. 3. 눈썹 정리한 부위에 대한 진정관리를 실시할 수 있다.
		3. 얼굴 딥클렌징하기	1. 피부 유형별 딥클렌징 제품을 선택 할 수 있다. 2. 선택된 딥클렌징 제품을 특성에 맞게 적용할 수 있다. 3. 피부미용기기 및 기구를 활용하여 딥클렌징을 적용할 수 있다.
		4. 얼굴매뉴얼 테크닉하기	1. 얼굴의 피부유형과 부위에 맞는 매뉴얼 테크닉을 하기 위한 제품을 선택할 수 있다. 2. 선택된 제품을 피부에 도포할 수 있다. 3. 5가지 기본 동작을 이용하여 매뉴얼테크닉을 적용할 수 있다. 4. 얼굴의 피부상태와 부위에 적정한 리듬, 강약, 속도, 시간, 밀착 등을 조절하여 적용할 수 있다.
		5. 영양물질 도포하기	1. 피부유형에 따라 영양물질을 선택 할 수 있다. 2. 피부유형에 따라 영양물질을 필요한 부위에 도포 할 수 있다. 3. 제품의 특성에 따른 영양물질이 흡수되도록 할 수 있다.
		6. 얼굴 팩·마스크하기	1. 피부유형에 따른 팩과 마스크종류를 선택할 수 있다. 2. 제품 성질에 맞는 팩과 마스크를 적용할 수 있다. 3. 관리 후 팩과 마스크를 안전하게 제거할 수 있다.
		7. 마무리하기	1. 얼굴관리가 끝난 후 토닉으로 피부정리를 할 수 있다. 2. 고객의 얼굴피부유형에 따른 기초화장품류를 선택할 수 있다. 3. 영양물질을 흡수시키고 자외선 차단제를 사용하여 마무리 할 수 있다.
	3. 신체 각 부위별 피부관리	1. 신체 각 부위별 클렌징하기	1. 화장품 성분에 대한 지식을 이해하고 피부상태에 따라 클렌징 방법과 제품을 선택할 수 있다. 2. 클렌징 방법을 이해하고 클렌징 제품을 팔, 다리에 도포하여 순서에 맞게 연결 동작으로 가볍게 시행할 수 있다. 3. 마무리를 위하여 온 습포 등으로 잔여물을 닦아낸 후 토너로 피부를 정리할 수 있다.
		2. 신체부위별 딥클렌징하기	1. 전신 피부 유형별 딥클렌징 제품을 선택할 수 있다. 2. 선택된 딥클렌징 제품을 특성에 따라 전신 피부 유형에 맞게 적용할 수 있다. 3. 피부미용기기 및 기구를 활용하여 딥클렌징을 적용할 수 있다.
		3. 신체 부위별 피부관리하기	1. 손, 팔, 다리의 피부유형과 피부 상태를 파악하여 피부관리에 적합한 제품을 선택, 도포할 수 있다. 2. 손, 팔, 다리의 피부 상태를 파악하고 목적에 맞는 매뉴얼 테크닉을 적용, 피부관리를 할 수 있다.
		4. 신체부위별 팩·마스크하기	1. 전신 피부유형에 따른 팩과 마스크종류를 선택할 수 있다. 2. 제품 성질에 맞게 팩과 마스크를 적용할 수 있다. 3. 관리 후 팩과 마스크를 안전하게 제거할 수 있다.

실기과목명	주요항목	세부항목	세세항목
		5. 신체부위별 관리 마무리하기	1. 전신관리가 끝난 후 토닉으로 피부정리를 할 수 있다. 2. 고객의 전신 피부유형에 따른 기초화장품류를 선택할 수 있다. 3. 해당 부위에 맞는 제품을 선택 후 특성에 따라 적용할 수 있다. 4. 피부손질이 끝난 후 전신을 가볍게 이완할 수 있다.
	4. 피부미용 특수관리	1. 제모하기	1. 신체부위별 왁스를 선택하고 도구를 준비할 수 있다. 2. 제모할 부위에 털의 길이를 조절할 수 있다. 3. 제모 할 부위를 소독할 수 있다. 4. 수분제거용 파우더와 왁스를 적용할 수 있다. 5. 부위에 맞게 부직포를 밀착하여 떼어 낸 후 남은 털을 족집게로 정리할 수 있다. 6. 냉습포로 닦아낸 후 진정 제품으로 정돈할 수 있다.
		2. 림프관리하기	1. 림프관리시 금기해야할 상태를 구분할 수 있다. 2. 림프관리시 적용할 피부상태와 신체부위를 구분할 수 있다. 3. 림프절과 림프선을 알고 적절하게 관리할 수 있다. 4. 셀룰라이트 피부를 파악하여 림프관리를 적용할 수 있다. 5. 림프정체성 피부를 파악하여 림프관리를 적용할 수 있다.

4. 국가기술자격 실기시험 공개과제

자격종목	미용사(피부)	과제명	피부관리

**수험자 유의사항
(전 과제 공통)**

1. 수험자는 반드시 위생복(상의는 흰색 반팔 가운, 하의는 흰색 긴 바지로 모든 복식은 흰색으로 통일합니다. 단, 머리는 장식품(핀 등)을 사용 시에는 검은색 착용), 마스크 및 실내화(색상은 흰색 통일)를 착용하여야 하며, 복장 등에 소속을 나타내거나 암시하는 표시가 없어야 하고 눈에 띄어 표식이 될 수 있는 악세서리의 착용을 금지합니다.
2. 수험자는 시험 중에 필요한 물품(습포, 왁스 등)을 가져오거나 관리 상 필요한 이동을 제외하고 지정된 자리를 이탈하거나 다른 수험자와 대화 등을 할 수 없으며, 질문이 있는 경우는 손을 들고 감독위원이 올 때까지 기다리시오.
3. 사용되는 해면과 코튼은 반드시 새 것을 사용하고 과제 시작 전 사용에 적합한 상태를 유지 하도록 미리 준비하시오.
4. 시험시 사용 되는 타월은 대형과 중형은 지참재료상의 지정된 수량만큼만 사용하고, 소형은 필요시 더 사용할 수 있습니다.
5. 수험자는 작업에 필요한 습포를 시험 시작 전 미리 준비(온습포는 과제당 6매까지 온장고에 보관할 수 있으며, 비닐백(지퍼백 등)에 비번호 기재 후 보관하여야 합니다.
6. 모델은 반드시 화장(파운데이션, 마스카라, 아이라인, 아이새도우, 눈썹 및 입술화장(립스틱 사용 등)이 되어 있어야 합니다. (남자모델의 경우도 동일)
7. 관리 대상 부위를 제외한 나머지 부위는 노출이 없도록 수건 등으로 덮어 두시오. (단, 팔은 노출이 가능합니다.)
8. 팩과 딥클린징 제품을 제외한 화장품은 어느 한 피부타입에만 특화되지 않고 모든 피부타입에 사용해도 괜찮은 타입(올 스킨타입 혹은 범용)을 사용하시오.
9. 위생복을 입지 않은 경우, 모델의 가운을 지참하지 않은 경우, 주요 화장품을 덜어서 온 경우는 시험 대상에서 제외합니다.
10. 다음의 경우에는 득점과 관계없이 채점 대상에서 제외합니다.
    ① 시험 전 과정을 응시하지 않은 경우
    ② 시험 도중 시험실을 무단 이탈하는 경우
    ③ 부정한 방법으로 타인의 도움을 받거나 타인의 시험을 방해하는 경우

④ 무단으로 모델을 수험자 간에 교환하는 경우

⑤ 기타 국가자격검정 규정에 위배되는 부정행위 등을 하는 경우

11. 제시된 작업시간 안에 세부 작업을 끝내며, 각 과제의 마지막 작업 시에는 주변정리를 함께 끝내야 합니다. 각 세부 작업 시험시간을 초과하는 경우는 해당되는 세부 작업을 0점 처리합니다.

12. 복장규정에 어긋나는 경우, 관리범위를 지키지 않는 경우(관리 범위 중 일부를 하지 않거나 범위를 벗어나는 것 모두 해당), 작업순서를 지키지 않는 경우, 눈썹을 사전에 모두 정리를 해서 오는 경우 등은 감점의 대상이 되며, 지압 및 강한 두드림 등 안마 행위를 하는 경우 및 눈썹과 체모가 없는 경우는 해당 작업을 0점 처리합니다.

국가기술자격 실기시험문제(제 1과제)

자격종목	미용사(피부)	과제명	얼굴관리

비번호

시험시간 1시간 25분(준비작업 시간 및 위생점검시간 제외)

요구사항

다음과 같이 준비 작업을 하시오.

1) 클렌징 작업 전, 과제에 사용되는 화장품 및 사용재료를 관리에 편리하도록 작업대에 정리하시오.
2) 베드는 대형 수건을 미리 세팅하고, 재료 및 도구의 준비, 개인 및 기구 소독을 하시오.
3) 모델을 관리에 적합하게 준비(복장, 헤어터번, 노출 관리 등)하고 누워있도록 한 후 감독위원의 준비 및 위생점검을 위해 대기하시오.

아래 과정에 따라 모델에게 피부미용작업을 하시오.

순서	작업명	요구내용	시간	비고
1	관리계획표 작성	제시된 피부타입 및 제품을 적용한 피부관리계획을 작성하시오.	10분	
2	클렌징	지참한 제품을 이용하여 포인트 메이크업을 지우고 관리범위를 클렌징 한 후, 코튼 또는 해면을 이용하여 제품을 제거하고, 피부를 정돈 하시오.	15분	도포 후 문지르기는 2~3분 정도 유지하시오.
3	눈썹 정리	족집게와 가위, 눈썹칼을 이용하여 얼굴형에 맞는 눈썹모양을 만들고, 보기에 아름답게 눈썹을 정리하시오.	5분	눈썹을 뽑을 때 감독확인 하에 작업하시오.(한쪽 눈썹에만 작업하시오)
4	딥클렌징	스크럽, AHA, 고마쥐, 효소의 4가지타입중 지정된 제품을 이용하여 얼굴에 딥클렌징 한 후, 피부를 정돈하시오.	10분	제시된 지정타입만 사용하시오.
5	손을 이용한 관리 (매뉴얼테크닉)	화장품(크림 혹은 오일타입)을 관리부위에 도포하고, 적절한 동작을 사용하여 관리한 후, 피부를 정돈하시오.	15분	

6	팩	팩을 위한 기본 전처리를 실시한 후, 제시된 피부타입에 적합한 제품을 선택하여 관리부위에 적당량을 도포하고, 일정시간 경과 뒤 팩을 제거한 후, 피부를 정돈하시오.	10분	팩을 도포한 부위는 코튼으로 덮지 마시오.
7	마스크 및 마무리	마스크를 위한 기본 전처리를 실시한 후, 지정된 제품을 선택하여 관리부위에 작업하고, 일정시간 경과 뒤 마스크를 제거한 다음, 피부를 정돈한 후 최종마무리와 주변정리를 하시오.	20분	제시된 지정마스크만 사용하시오.

수험자 유의사항

1) 지참 재료 중 바구니는 왜건의 크기(가로X세로) 보다 큰 것은 사용할 수 없습니다.
2) 관리계획표는 제시되어진 조건에 맞는 내용으로 시험에서의 작업에 의거하여 작성하시오.
3) 필기도구는 흑색(혹은 청색) 볼펜만을 사용하여 작성하시오.
4) 눈썹정리 시 족집게를 이용하여 눈썹을 뽑을 때는 감독위원의 입회하에 실시하되, 감독위원의 지시를 따르시오
   (작업을 하고 있다가 감독위원이 지시하면 족집게를 사용하며, 작업을 하지 않고 기다리지 마시오.)
5) 팩을 요구되는 피부타입에 따라 제품을 선택하여 사용하고, 붓 또는 스파툴라를 사용하여 관리부위에 도포하시오.
6) 마스크의 작업부위는 얼굴에서 목 경계부위까지로 작업 시 코와 입에 호흡을 할 수 있도록 해야합니다.
7) 얼굴 관리 중 클렌징, 손을 이요한 관리, 팩 작업에서의 관리범위는 얼굴부터 데콜테(가슴(breast)은 제외)까지를 말하며, 겨드랑이 안쪽 부위는 제외됩니다.
8) 모든 작업은 총 작업시간의 90% 이상을 사용하시오.(단, 관리계획표 작성을

자격종목	미용사(피부)	과제명	관리계획표 작성

작성시간 10분

아래 예시에서 주어진 조건에 맞는 관리 계획표를 작성하시오.

1) 얼굴의 피부타입은 팩 사용의 부위별 피부타입을 기준으로 결정하시오.
   (단, T-존과 U-존의 피부타입만으로 판단하며, 피부의 유·수분함량을 기준으로 한 타입(건성, 중성(정상), 지성, 복합성)만으로 구분하시오.

2) 팩 사용을 위한 부위별 피부상태(타입)
   - T-존
   - U-존
   - 목 부위

3) 딥클렌징 사용제품

4) 마스크

기타 유의사항
※ 관리계획표상의 클렌징, 매뉴얼테크닉용 화장품은 본인이 시험장에서 사용하는 제품의 제형을 기준으로 하시오.
※ 관리계획표는 요구하는 피부타입에 맞추어 시험장에서의 관리를 기준으로 하시오.
※ 고객관리계획은 향후 주단위의 관리계획을, 자가관리 조언은 가정에서의 제품 사용을 위주로 간단하고 명료하게 작성하며 수정 시 두줄로 긋고 다시 쓰시오.
※ 체크부분은 주가되는 하나만 하시오.
※ 고객관리 계획에서 마스크에 대한 사항은 제외하며, 마무리에 대한 사항은 작성하시오.

관리계획 차트 (Care Plan Chart)

비번호		시험일자 20 . . . (부)

| 관리목적 및 기대효과 | 관리목적 | |
| | 기대효과 | |

클렌징	☐ 오일 ☐ 크림 ☐ 밀크/로션 ☐ 젤
딥 클렌징	☐ 고마쥐(Gommage) ☐ 효소(Enzyme) ☐ AHA ☐ 스크럽
매뉴얼 테크닉 제품타입	☐ 오일 ☐ 크림 ☐ 젤 ☐ 앰플 ☐ 기타( )
손을 이용한 관리형태	☐ 일반 ☐ 아로마 ☐ 림프 ☐ 기타( )
팩	☐ 고무 ☐ 석고

팩	T 존 : ☐ 건성타입 팩 ☐ 정상타입 팩 ☐ 지성타입 팩
	U 존 : ☐ 건성타입 팩 ☐ 정상타입 팩 ☐ 지성타입 팩
	목부위 : ☐ 건성타입 팩 ☐ 정상타입 팩 ☐ 지성타입 팩

고객 관리 계획	1주	
	2주	
	3주	
	4주	

| 자기 관리 조언 (홈케어) | 제품을 사용한 관리 | |
| | 기타 | |

국가기술자격 실기시험문제(제 2과제)

자격종목	미용사(피부)	과제명	팔, 다리관리

시험시간	35분(준비작업 시간 제외)

요구사항

팔, 다리 관리를 하기 위한 준비작업을 하시오.

1) 과제에 사용되는 화장품 및 사용재료는 작업에 편리하도록 작업대에 정리하시오.
2) 모델을 관리에 적합하도록 준비하고 베드 위에 누워서 대기하도록 하시오.

아래 과정에 따라 모델에게 피부미용 작업을 실시하시오.

순서	작업명		요구내용	시간	비고
1	손을 이용한 관리 (매뉴얼테크닉)	팔(전체)	모델의 관리부위(오른쪽 팔, 오른쪽 다리)를 화장수를 사용하여 가볍고 신속하게 닦아낸 후 화장품(크림 혹은 오일타입)을 도포하고, 적절한 동작을 사용하여 관리하시오.	10분	총 작업시간의 90% 이상을 유지하시오.
		다리(전체)		15분	
2	제모		왁스 워머에 핫 왁스를 필요량만큼 용기에 덜어서 작업에 사용하고, 다리에 왁스를 부직포 길이에 적합한 면적 만큼 도포한 후 제모를 제거하고 제모부위의 피부를 정돈하시오.	10분	제모는 좌우 구분이 없으며 부직포 제거전 손을 들어 감독의 확인을 받으시오.

수험자 유의사항

1) 손을 이용한 관리는 팔과 다리가 주 대상범위이며, 손과 발의 관리 시간은 전체 시간의 20%를 넘지 않도록 하시오.
2) 제모 시 발을 제외한 좌·우측 다리(전체) 중 적합한 부위에 한 번만 제거하시오.
3) 관리 부위에 체모가 완전히 제거되지 않았을 경우 족집게 등으로 잔털 등을 제거하시오.
4) 제모 작업은 7 X 20cm 정도의 부직포 1장을 이용한 도포 범위(4~5 X 12~14cm)를 기준으로 하시오.

국가기술자격 실기시험문제(제 3과제)

자격종목	미용사(피부)	과제명	림프를 이용한 피부관리

시험시간   15분(준비작업 시간 제외)

요구사항

림프관리에 적합한 준비작업을 하시오.

1) 과제에 사용되는 화장품 및 사용재료는 작업에 편리하도록 작업대에 정리하시오.
2) 모델을 관리에 적합하도록 준비하시오.

아래 과정에 따라 모델에게 피부미용 작업을 실시하시오.

순서	작업명	요구내용	시간	비고
1	림프를 이용한 피부관리	적절한 압력과 속도를 유지하며 목과 얼굴 부위에 림프절 방향에 맞추어 피부관리를 실시하시오. (단, 에플라쥐 동작을 시작과 마지막에 하시오.)	15분	종료시간에 맞추어 관리하시오.

수험자 유의사항

1) 작업 전 관리부위에 대한 클렌징 작업은 하지 마시오.
2) 관리 순서는 에플라쥐를 먼저 실시한 후 시작 지점은 목부위(profundus)부터 하되, 림프절 방향으로 관리하며, 림프절 방향에 역행되지 않도록 주의하시오.
3) 적절한 압력과 속도를 유지하고, 정확한 부위에 실시하시오.

수험자 지참 재료 목록

번호	지참 공구명	규 격	단위	수 량	비 고
1	위생복	상의 반팔 가운, 하의 긴 바지	벌	1	모든 복식은 흰색 통일
2	실내화	흰색	켤레	1	실내화만 허용
3	마스크	흰색	개	1	
4	대형타월	100×180cm, 흰색	장	2	베드용, 모델용
5	중형타월	65×130cm, 흰색	장	1	
6	소형타월	35×80cm, 흰색	장	5장 이상	습포, 건포용
7	헤어터번(터번)	벨크로(찍찍이)형	개	1	분홍색 or 흰색
8	여성모델용 가운 및 겉가운	밴드(고무줄, 벨크로)형 일반형(겉가운)	벌	1	분홍색 or 흰색
9	남성모델용 옷	박스형 반바지 & T-셔츠	벌	1	하의-베이지 or 남색 상의 - 흰색
10	모델용 슬리퍼		켤레	1	
11	필기도구	볼펜	자루	1	검은색 or 청색
12	알코올 및 분무기		개	1	필요량
13	일반솜		봉	1	탈지면, 필요량
14	비닐봉지, 비닐백	소형	장	각 1	쓰레기처리용, 습포보관용(두터운 비닐백)
15	미용솜		통	1	화장솜
16	면봉		봉	1	필요량
17	티슈		통	1	필요량
18	붓		개	2	클렌징, 팩용
19	해면		세트	1	필요량
20	스파튤라		개	3	클렌징, 팩용
21	보울(bowl)		개	3	클렌징, 팩 등
22	가위	소형	개	1	눈썹정리, 제모
23	족집게		개	1	눈썹정리, 제모
24	브러시		개	1	〃
25	눈썹칼	safety razer	개	1	눈썹정리

번호	지참 공구명	규격	단위	수량	비고
26	거즈		장	1	
27	아이패드		개	2	거즈, 화장솜 가능
28	나무스파튤라		개	1	제모용
29	부직포	7±cm	장	1	〃
30	장갑	라텍스	켤레	1	〃
31	종이컵	100 ml	개	1	〃
32	보관통	컵형	개	2	스파튤라, 붓 등
33	보관통	뚜껑달린 통	개	2	알코올 솜 등
34	해면볼	소형	개	1	
35	바구니		개	2	정리용 사각
36	트레이(쟁반)	소형	개	1	습포용
37	효소		개	1	파우더형
38	고마쥐		개	1	크림형 or 젤형
39	AHA	함량 이하	개	1	액체형
40	스크럽제		개	1	크림형 or 젤형
41	팩	크림타입	set	1	정상,건성,지성
42	스킨토너(화장수)		개	1	모든 피부용
43	크림, 오일	매뉴얼테크닉용	개	1	〃
44	탈컴 파우더		개	1	제모용
45	진정로션 혹은 젤		개	1	〃
46	영양크림		개	1	모든 피부용
47	아이 및 립크림		개	1	〃(공용사용가능)
48	포인트 메이크업 리무버	아이, 립	개	1	모든 피부용
49	클렌징 제품	얼굴 등	개	1	〃
50	고무볼	중형	개	1	마스크용
51	석고마스크	파우더타입	개	1	1인 사용량
52	고무모델링마스크	파우더타입	개	1	1인 사용량
53	베이스크림	크림타입	개	1	석고 마스크용
54	모델		명	1	

검정장소 시설목록

번호	장비 및 시설명	규 격	단위	수 량	비 고
1	베드	1인용	개	1	1인당
2	탈의실		개소	적정수	모델용
3	냉·난방시설		대	적정수	실당
4	wax warmer	can type	대	1	7인당
5	온장고	중형이상	대	1	7인당
6	의자	베드와 높이 맞는것	개	1	1인당
7	작업대	웨건 or 책상	개	1	1인당
8	전기 시설		개소	1	실당
9	수도시설		개소	적정수	없을 시 간이시설
10	대기실		실	적정수	모델 대기실
11	바인더		개	1	1인당
12	시계	벽걸이용	개	1	실당
13	조명시설		실		밝은 조명

※ 타월류의 경우는 비슷한 크기이면 무방합니다.
※ 기타 필요한 재료의 지참은 가능합니다.
※ 팩과 마스크, 딥클렌징용 제품을 제외한 다른 모든 화장품은 모든 피부용을 지참하십시오.

※ 바구니의 경우 왜건크기보다 크면 사용할 수 없습니다.
※ 부직포는 지정된 길이에 맞게 미리 잘라서 오시면 됩니다.
※ 재료에 관련된 자세한 사항은 홈페이지(www.hrdkorea.or.kr) 공지사항 및 FAQ 안내사항, 큐넷(www.q-net.or.kr)의 수험자 지참재료 목록 등을 참고로 하십시오.

지급재료 목록

번호	재료명	규격	단위	수량	비고
1	핫왁스	400~500ml	개	1	7인당 1개
2	화장솜	100개	통	1	20인당 1개

위의 준비물은 시험장에 비치되어 있습니다.

과제별 시간 및 배점(2시간 15분/100점)

과제	과제명	시간	배점
1과제	얼굴관리	1시간 25분	60점
2과제	팔 · 다리 · 제모관리	35분	25점
3과제	림프를 이용한 피부관리	15분	15점

수험자 복장 감점 적용 범위

구분	기준	내용	감점적용	비고
위생복 (가운)	반팔 흰색	민소매형(민소매 + 반팔티 포함)	√	가운의 목깃, 허리부분 길이, 디자인 등은 감점사항 아님
		긴팔(걷는 것도 포함)	√	
		반팔가운이지만 속티가 길게 나온 경우	√	
		하얀색 바탕에 검정무늬(단추 등 포함)	√	비표식개념
위생복 (하의)	흰색 긴 바지	검정, 회색, 아이보리, 베이지 등의 유색 하의	√	하의의 종류, 재질 및 디자인은 구분하지 않음
		긴바지가 아닌 하의 (반바지, 스타킹, 츄리닝, 레깅스 등)	√	
		색줄 혹은 색무늬 있는 하의	√	
		기타 흰색 외 색상	√	
신발	흰색 실내화	실내화가 아닌 신발(일반운동화, 구두 등 실외에서 착용하는 신발 등)	√	신발 앞 혹은 뒤가 터져있는 경우 샌달 혹은 슬리퍼 형으로 간주
		샌달형	√	
		슬리퍼 형	√	
		뒤가 터져있는 간호사 신발	√	
		선명하고 확실하게 구분되는 두꺼운 줄 및 무늬가 있는 신발	√	
		기타 흰색 외 색상	√	
티셔츠	흰색	흰색을 제외한 유색티셔츠 (가운 밖으로 노출이 되는 경우)	√	비표식 개념
		목 전체를 덮는 폴라티	√	
양말	흰색	흰색 외 색상(표시가 나는 유색 스타킹 등도 포함) ※표시가 나지 않는 스타킹은 감점 제외 ※양말을 안신은 경우(맨발)는 감점	√	복식은 흰색으로 통일 하도록 되어 있으며, 유색은 비표식 개념
기타	검은색	검은 색을 제외한 띠 및 머리망, 머리핀 등의 머리 고정용품 ※검은색 고정용품에 큐빅 등이 있는 경우는 감점 제외 ※반지, 귀걸이 등은 악세사리로 하여 위생점수에서 반영하면 됨	√	머리용은 검은 색으로 통일 하도록 되어있으며, 흰색은 규정 위반

5. 실기 시험 전 준비사항

수험자의 준비사항

1) 서류: 수험표와 신분증을 지참한다.

2) 준비 및 위생(전 과제 공통)
- 목록상의 재료가 과제 및 작업에 적합하도록 준비가 되어 있어야 한다.
- 정리대에 사용할 제품 및 도구 정리가 위생적으로 되어 있어야 한다.
- 작업을 할 수 있도록 베드세팅이 되어 있어야 한다.
- 모델이 관리를 받을 수 있도록 준비가 되어 있어야 한다.

(1) 수험자의 위생상태
- 위생 상태를 유지하기 위한 소독을 해야 한다.
- 수험자의 손톱이 관리에 적합하도록 짧아야 한다.
- 액세서리 및 시계 등을 착용하지 말아야 한다.
  ※ 수험 시 시계를 왜건 위에 두고 확인하는 것은 가능함.(단, 소리가 나는 타이머 등은 사용 금지)
- 가운, 머리, 실내화 등 수험자의 복장상태가 위생적이어야 한다.

(2) 모델의 관리
- 모델의 복장, 헤어터번 등이 규정에 맞으며 위생적이어야 한다.
- 모델은 기본적으로 팔과 관리부위를 제외한 나머지 부위는 노출이 되지 않은 상태로 대기되어야 한다.
- 모델의 메이크업 등이 과제에 적합한 정도이어야 한다.

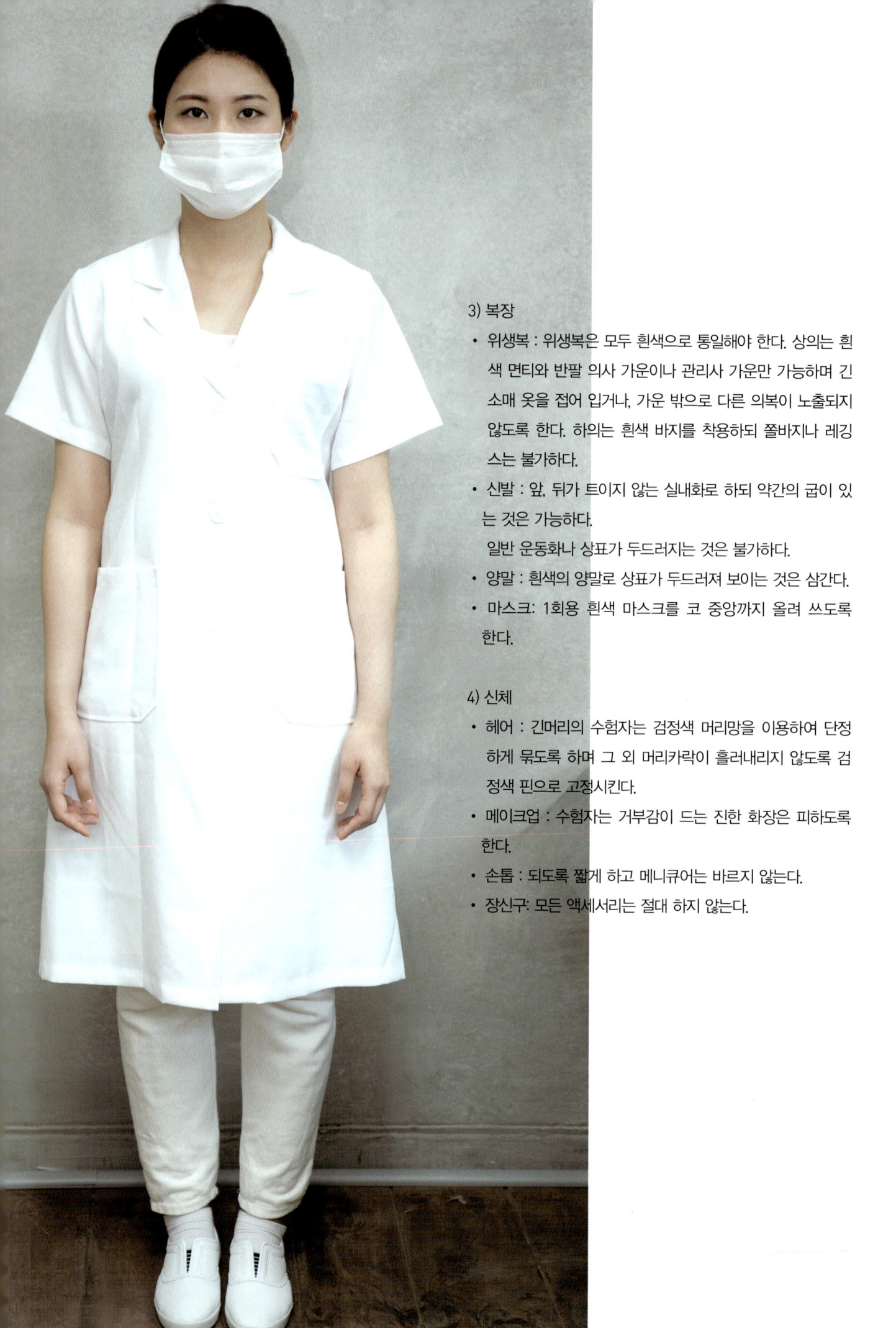

3) 복장
- 위생복 : 위생복은 모두 흰색으로 통일해야 한다. 상의는 흰색 면티와 반팔 의사 가운이나 관리사 가운만 가능하며 긴 소매 옷을 접어 입거나, 가운 밖으로 다른 의복이 노출되지 않도록 한다. 하의는 흰색 바지를 착용하되 쫄바지나 레깅스는 불가하다.
- 신발 : 앞, 뒤가 트이지 않는 실내화로 하되 약간의 굽이 있는 것은 가능하다.
  일반 운동화나 상표가 두드러지는 것은 불가하다.
- 양말 : 흰색의 양말로 상표가 두드러져 보이는 것은 삼간다.
- 마스크 : 1회용 흰색 마스크를 코 중앙까지 올려 쓰도록 한다.

4) 신체
- 헤어 : 긴머리의 수험자는 검정색 머리망을 이용하여 단정하게 묶도록 하며 그 외 머리카락이 흘러내리지 않도록 검정색 핀으로 고정시킨다.
- 메이크업 : 수험자는 거부감이 드는 진한 화장은 피하도록 한다.
- 손톱 : 되도록 짧게 하고 메니큐어는 바르지 않는다.
- 장신구 : 모든 액세서리는 절대 하지 않는다.

모델의 준비사항

수험자와 모델은 동성(同姓)의 모델을 동반해야 한다.

1) 서류: 신분증

2) 복장
- 모델은 시험 전에 관리용 속가운과 겉가운을 입고 실내화를 신은채로 신고한 후 대기한다.
- 모델의 속가운은 지정된 색에 가급적 무늬가 없는 것으로 준비한다.
- 모델의 겉가운은 시험장에 따라 이동을 해야 하는 경우를 위해 사용되며 지정된 색(핑크색)의 일반 가운(원피스형)을 준비한다.
- 모델의 슬리퍼는 특별히 제한을 두지 않는다.
- 남성 모델의 옷은 상의는 흰색, 하의는 베이지 색이나 남색으로 준비한다.

3) 신체
- 만 17세 이상의 신체 건강한 남녀(신분증 지참하여 나이 확인 받아야 함).
- 시험 당일 모델의 화장이 진하지 않으면 입실이 불가하므로 파운데이션, 마스카라, 아이라인, 아이섀도우와 붉은 색의 입술화장이 표현되어야 한다(남성 모델의 경우도 동일하게 준비한다).
- 제모 단계를 위해서는 모델의 다리에 제모가 가능한지 확인되어야 한다.

4) 모델로써 부적합한 경우
- 민감성 피부, 심한 농포성의 트러블이 심한 피부
- 눈썹이 거의 없거나 2/3 정도가 되지 않는 자
- 체모가 없거나 아주 적어서 제모시술이 필요치 않는 자
- 성형 수술 후 6개월이 지나지 않은 자
- 임신 중이거나 피부관리를 받기에 적합하지 않는 피부질환, 질병환자 및 암환자

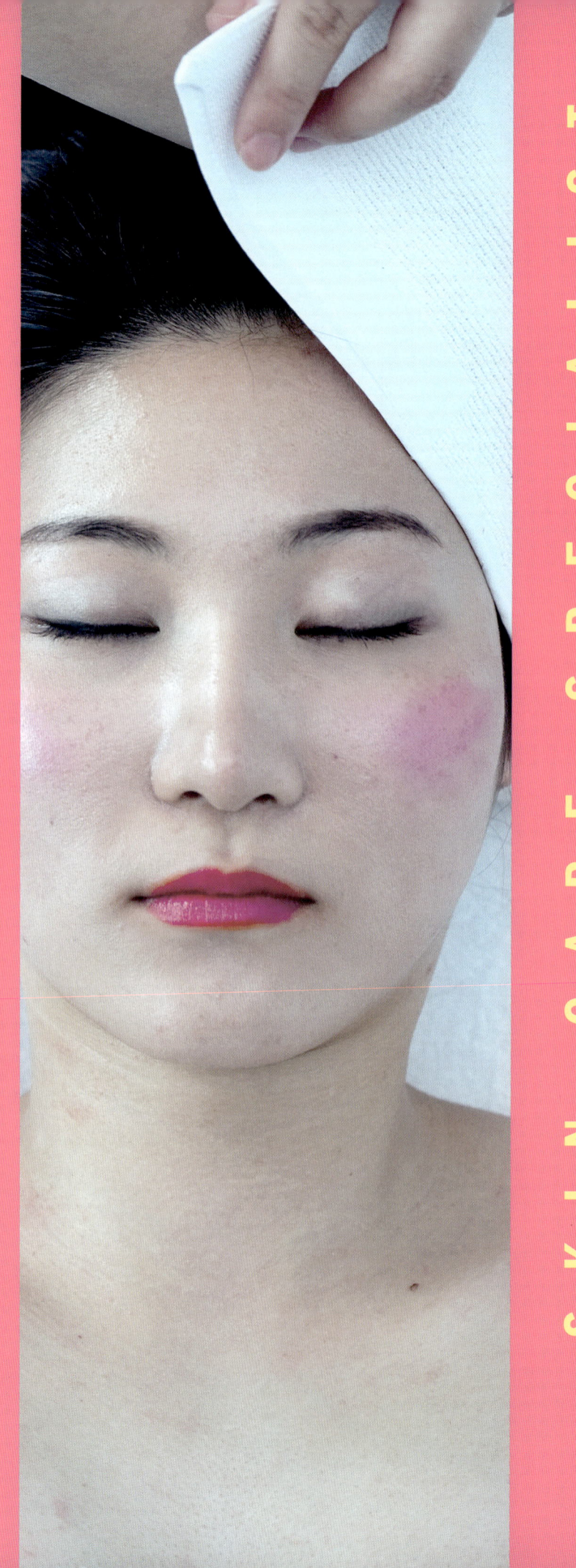

제 **1** 과제

얼굴관리

제 1과제 **얼굴관리**

개요

제 1과제는 미용사(피부)국가자격시험에서 배점이 가장 높은 부분을 차지하는 과정이다. 다른 작업과제에 비해 다양한 작업과 많은 시간이 소요되는 과정(1시간 25분)으로 피부분석에 필요한 차트 작성부터 단계별 작업 순서와 화장품의 용도 및 사용방법, 숙련된 테크닉까지 다양한 작업이 시행되어야 한다. 그러므로 평소에 과제별 세부항목에 대한 목적과 유의사항은 물론 숙련된 테크닉을 구사하기 위한 충분한 반복학습과 훈련이 충분히 이루어져야 한다.

제 1과제 작업의 시험 순서

① 관리계획표 작성하기(10분)
② 얼굴클렌징하기(15분)
③ 눈썹정리하기(5분)
④ 얼굴 딥클렌징하기(10분)
⑤ 얼굴 매뉴얼테크닉하기(15분)
⑥ 얼굴 팩 및 영양크림 도포하기(10분)
⑦ 얼굴 마스크 및 마무리하기(20분)
※ p. 20 국가기술자격 실기시험 문제(제 1과제)의 요구사항을 참조하시오.

매뉴얼테크닉의 기본동작

명칭	동작	효과
쓰다듬기 (Effleurage, 경찰법)	손바닥 전체의 면을 이용하여 가볍게 밀착시켜 쓰다듬는 동작으로 처음과 마지막에 시행하며, 다른 동작으로의 연결을 위한 동작으로도 사용된다.	피부에 안정감과 편안함을 제공한다.
문지르기 (Friction, 강찰법, 마찰법)	손가락의 끝 부분으로 피부에 원을 그리듯이 가볍게 움직이면서 이동하는 동작으로 이마나 볼 등에 부분적으로 사용된다.	피지선을 자극하여 피지 분비와 혈액순환을 돕는다.
주무르기 (Kneading, 유연법, 유찰법)	손가락 전체를 이용하여 피부를 강하게 주무르는 동작으로 가장 강한 동작이다.	근육의 탄력과 신진대사의 활성을 돕는다.
두드리기 (Tapotement, 고타법)	손가락 끝이나 측면, 손바닥, 주먹, 손 전체를 사용하여 가볍게 두드려주는 동작으로 피부의 상태, 부위 등에 따라 두드림의 강약을 조절하여 사용한다. ※ 강한 두드림은 0점 처리한다	지방의 과잉 축적을 억제하는데 도움을 준다.
떨기 (Vibration, 진동법)	손가락이나 손 전체를 이용하여 신체 및 피부에 진동을 주는 동작이다.	경직된 근육의 이완을 돕고 림프순환을 용이하게 만들어 주는 동작이다.

유의사항

1) 수험자 유의사항
- 제 1과제에서는 여러 단계의 작업이 이루어지므로 단계마다 위생 상태를 각별히 신경쓰도록 해야 한다.
- 시험 시 검정원에서 제시하는 피부타입은 매번 다르게 나올 수 있으므로 각 피부타입에 대한 전과정의 반복학습이 충분히 이루어져야 한다.
- 각각의 작업과정마다 시간이 정해져 있으므로 시간 내에 단계별 작업을 마칠 수 있도록 충분히 훈련되어야 한다.
- 검정원에서 요구하는 사항들을 숙지하고 준수하여 감점을 받는 일이 없도록 준비, 체크하도록 한다.

2) 시험 시 유의사항
① 베드와 온장고는 지정해준 것만 사용해야 한다.
② 시험 중 밖으로 나가는 행위는 할 수 없다.
③ 터번 착용 후 손 소독을 시작하고 다음단계의 작업을 준비한다.

준비하기

1) 웨건정리
- 상단으로 구성된 웨건의 바닥마다 각각 소형타월을 깔아 소음방지와 청결을 유지하도록 한다.
- 웨건에 손잡이가 있는 경우 작업 중의 청결을 위해 소형타월을 걸어둔다.
- 별도의 쓰레기통이 준비되지 않았을 때 쓰레기통 대용으로 비닐 위생팩을 웨건의 한쪽에 투명 테잎을 이용하여 부착시킨다.

※ 화장품의 양은 점수와 상관이 없지만 용기에 덜어온 경우 감점(-3) 한다

(1) 웨건 상단, 중단, 하단
① 화장품
클렌징 로션(로션, 크림,오일 등), 포인트 메이크업 리무버, 알코올, 정제수, 토너, 매뉴얼테크닉용 크림 혹은 오일, 딥클렌징(효소:분말타입, 고마쥐, AHA:10% 이하 액상타입, 스크럽), 아이크림, 영양크림, 진정젤 또는 진정크림, 팩(정상피부용, 지성피부용, 건성피부용)

② 도구
보관통(눈썹가위, 족집게, 눈썹 정리용 브러쉬, 눈썹칼), 브러쉬(4~5개 정도, 딥클렌징, 팩용), 스파튤라(3~4개정도, 제품 덜어 담기위한 용도), 유리볼(3~4개, 클렌징, 딥클렌징, 매뉴얼테크닉, 팩), 화장솜, 일반솜(뚜껑 있는 통), 아이패드, 거즈2장, 검정볼펜, 석고베이스크림, 석고마스크(1회 사용량 위생용기에 담는다), 고무마스크(1회 사용량 위생용기에 담는다), 물병(마스크를 위한 용기)

(2) 웨건 상단, 중단, 하단
해면 바구니(젖은 해면 12개 정도), 해면 볼 1개(물 사용 시), 냉습포 3장, 티슈, 휴지통(혹은 비닐 위생팩), 쟁반(온습포 담을 트레이)

(3) 웨건 상단, 중단, 하단
관리계획차트(시험장 제공), 바구니(사용한 습포와 해면 담을 용기), 플라스틱 통(사용한 스파튤라 용기)

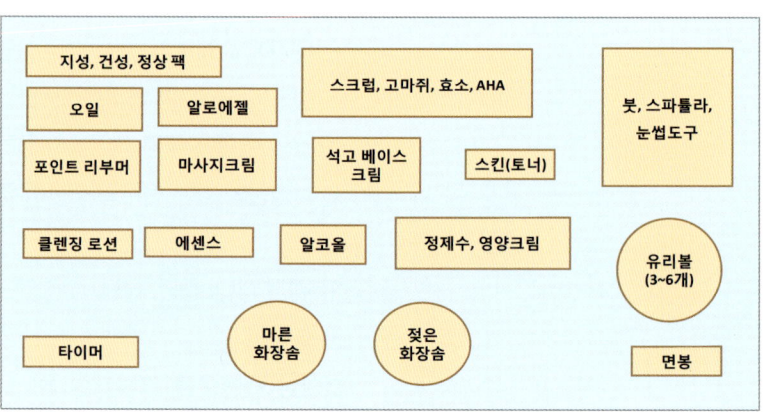

중단 셋팅

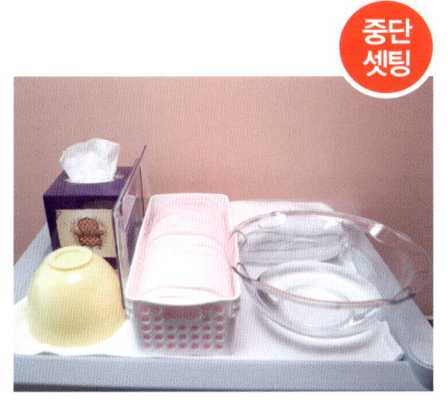

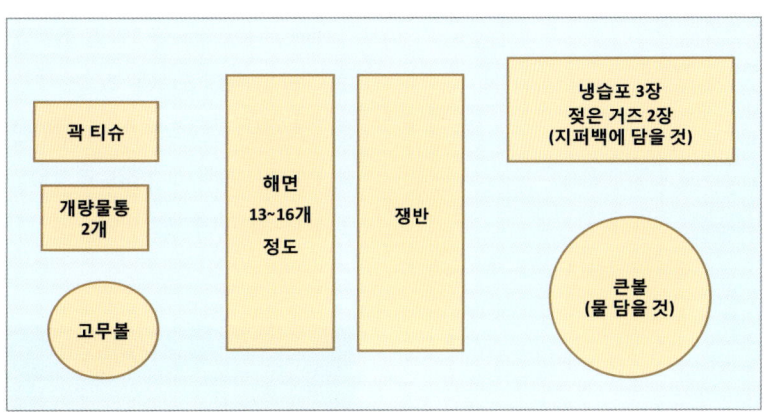

- 곽 티슈
- 개량물통 2개
- 고무볼
- 해면 13~16개 정도
- 쟁반
- 냉습포 3장 젖은 거즈 2장 (지퍼백에 담을 것)
- 큰볼 (물 담을 것)

하단 셋팅

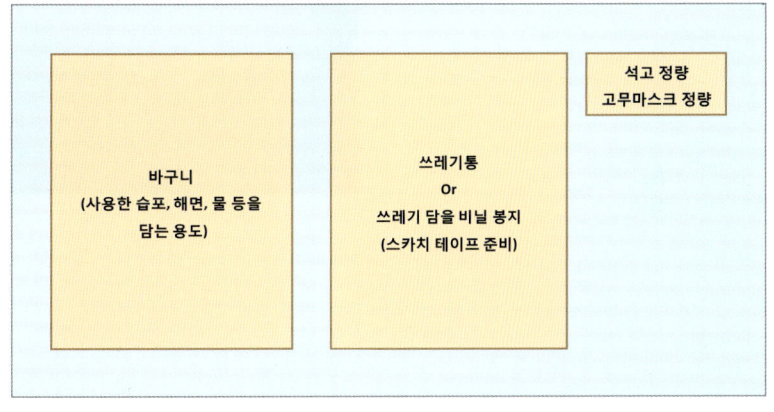

- 바구니 (사용한 습포, 해면, 물 등을 담는 용도)
- 쓰레기통 Or 쓰레기 담을 비닐 봉지 (스카치 테이프 준비)
- 석고 정량 고무마스크 정량

※ 웨건의 배치는 제품 및 물품의 크기에 따라 위치가 달라질 수 있다.

2) 베드 정리

① 베드 위에 대타월 1장을 좌우대칭이 잘 맞도록 깔아둔다.
② 대타월 위에 터번을 펴 놓는다.
③ 중타월 1장은 터번의 아래쪽 선을 기준으로 하여 깔아 놓는다(생략 가능함).
④ 대타월 1장은 1/3 정도로 접어 중타월 위에 이불 대용으로 깔아 놓는다.
⑤ 덮어 놓은 대타월 위의 가슴 부위에 소형타월을 한번 더 올려 준비한다.

3) 터번 착용

① 시험이 시작되면 모델은 지정된 배드에 편하게 눕는다.
② 팔은 대형 타월 안으로 넣어준다.
③ 준비된 소형 타월을 이용하여 모델의 가슴과 가운을 함께 감싸준다.
④ 터번 부착부위의 거친 면이 위쪽으로 오도록 준비한 후 머리카락이 흐트러지지 않도록 정리하여 착용시킨다.

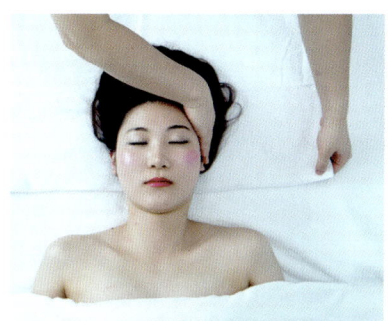 

제 1과제 **시행 순서**

1. 관리계획표 작성(10분)
2. 클렌징(15분)
3. 눈썹정리(5분)
4. 딥클렌징(10분)
5. 매뉴얼테크닉(15분)
6. 팩(10분)
7. 마스크 및 마무리(20분)

첫째 작업 **관리계획표 작성**

| 작업소요시간 | 약 10분 정도 |

관리계획표 작성 시 유의점

1) 피부 분석표의 채점방식은 5점 만점에서 주관식 2점, 객관식 1점씩이 차감됨을 유의하여 작성한다.
2) 팩과 마무리는 화장품의 성분이나 효능 중 적절한 것을 명시하여 쓰도록 한다.
3) 복합성인 경우 딥클렌징과 팩은 별도로 명시하여 작성하도록 한다.
4) 딥클렌징의 경우 제품을 꼭 명시하도록 한다.
5) 고객관리계획은 현재 관리와 향후 주단위의 관리 계획을, 자기관리 조언은 가정에서의 제품 사용을 위주로 작성하도록 한다.
6) 기술하는 부분은 간단하고 명료하게 작성하며 수정 시 두 줄로 긋고 다시 쓰도록 한다.
7) 매뉴얼테크닉의 제품은 오일과 크림 중 1가지 만 선택하여도 무방하다.

피부타입별 특징 분석

피부타입	특징 분석
건성타입	• 각질층의 수분 함유량이 적어 잔주름이 많고 처지는 현상을 보인다. • 피부의 결이 얇아 모공이 거의 보이지 않는다. • 유수분의 밸런스가 깨져 있는 피부로 세안 후 심하게 당기는 현상이 나타난다. • 눈가에 잔주름이 많다. • 피부가 건조하고 얇아 화장품의 흡수가 어려워 겉도는 현상이 나타난다. • 피부 표면이 푸석거리며 흰색의 각질이 육안으로 확인된다.
정상타입	• 유수분의 밸런스가 잘 이루어져 있어 피부가 촉촉하고 윤기가 있다. • 피부의 결이 좋고 모공이 섬세하여 주름이 없고 표면이 매끄럽다. • 피지선과 한선의 기능이 원활하여 피부톤이 투명하고 탄력성이 좋다. • 메이크업의 지속성이 좋으며 세안 후 당김 현상이 적다.
지성타입	• 피지 분비량이 많아 번들거림과 끈적임 현상이 나타난다. • 모공이 늘어지지는 않지만 육안으로 확인될 정도의 크기를 보인다. • 피부 표면이 칙칙하며 거칠고 두껍다. • 과각질화 현상 때문에 각질층이 두껍고 표면이 거칠다. • 수분은 적고 유분은 많아 당기는 현상이 심하고 메이크업의 지속성이 떨어진다. • 피부가 예민하고 표피의 박리가 심하다. • 혈액순환의 저하로 면포나 블랙헤드가 잘 발생된다. • 여드름과 같은 트러블이 잘 발생한다.

관리계획표 작성요령

① 얼굴 부위 별로 제시된 타입에 맞는 팩과 딥클렌징 제품을 이용하는 관리계획을 작성하여야 한다.

② 제시된 피부타입에 맞는 관리목적 및 기대효과를 작성하여야 한다.

③ 현재 관리와 향후 주 단위의 계획을 중심으로 고객관리계획을 작성해야 한다.

④ 고객이 집에서 적용하기에 적합한 제품 위주의 자기관리(홈케어)에 대한 조언을 해야 한다.

※ 고객관리계획은 현재 관리와 향후 주단위의 관리 계획을, 자기관리 조언은 가정에서의 제품 사용을 위주로 작성한다.

※ 기술하는 부분은 간단하고 명료하게 작성하며 수정 시 두 줄로 긋고 다시 쓰도록 한다.

관리계획 차트 (Care Plan Chart)

비번호		시험일자 20 . . . (부)	
관리목적 및 기대효과	관리목적		
	기대효과		
클렌징	☐ 오일　　☐ 크림　　☐ 밀크/로션　　☐ 젤		
딥 클렌징	☐ 고마쥐(Gommage)　☐ 효소(Enzyme)　☐ AHA　☐ 스크럽		
매뉴얼 테크닉 제품타입	☐ 오일　☐ 크림　☐ 젤　☐ 앰플　☐ 기타(　　　)		
손을 이용한 관리형태	☐ 일반　☐ 아로마　☐ 림프　☐ 기타(　　　)		
팩	☐ 고 무　　　　☐ 석고		
팩	T 존 : ☐ 건성타입 팩　☐ 정상타입 팩　☐ 지성타입 팩		
	U 존 : ☐ 건성타입 팩　☐ 정상타입 팩　☐ 지성타입 팩		
	목부위 : ☐ 건성타입 팩　☐ 정상타입 팩　☐ 지성타입 팩		
고객 관리 계획	1주		
	2주		
	3주		
	4주		
자기 관리 조언 (홈케어)	제품을 사용한 관리		
	기타		

관리계획 차트 (Care Plan Chart) – 건성 예시

비번호		시험일자 20 . . . (부)		

관리목적 및 기대효과	관리목적	유수분의 밸런스가 맞지 않아 당김현상이나 잔주름이 많은 피부이므로 매뉴얼테크닉을 통하여 피지선의 분비 기능을 활성화시켜주고, 충분한 보습과 영양을 공급하여 유수분의 밸런스를 맞춰주는 관리에 목적을 둔다.
	기대효과	유수분의 정상화를 위해 매뉴얼테크닉을 이용하여 혈액순환과 신진대사를 돕고, 건조한 피부에 보습과 영양을 공급하여 촉촉함과 탄력의 증가를 높일 수 있다.

클렌징	☐ 오일 ☐ 크림 ☒ 밀크/로션 ☐ 젤
딥 클렌징	☐ 고마쥐(Gommage) ☐ 효소(Enzyme) ☐ AHA ☐ 스크럽 (시험문제에 명시된 대로)
매뉴얼 테크닉 제품타입	☐ 오일 ☒ 크림 ☐ 젤 ☐ 앰플 ☐ 기타( )
손을 이용한 관리형태	☒ 일반 ☐ 아로마 ☐ 림프 ☐ 기타( )
팩	☐ 고무 ☐ 석고 (시험문제에 명시된 대로)

팩	T 존 :	☒ 건성타입 팩	☐ 정상타입 팩	☐ 지성타입 팩
	U 존 :	☒ 건성타입 팩	☐ 정상타입 팩	☐ 지성타입 팩
	목부위 :	☐ 건성타입 팩	☒ 정상타입 팩	☐ 지성타입 팩

고객 관리 계획	1주	각질제거와 매뉴얼테크닉을 통한 신진대사 촉진 관리 클렌징로션 – 딥클렌징(스크럽) – 매뉴얼테크닉 – 콜라겐 성분팩 – 보습, 영양크림 마무리
	2주	유수분의 밸런스를 위해 수분과 영양공급 클렌징로션 – 딥클렌징(고마쥐) – 매뉴얼 테크닉 – 세라마이드성분 팩 – 보습, 영양크림 마무리
	3주	잔주름 개선과 노화개선을 위한 재생관리 클렌징 – 딥클렌징(AHA) – 매뉴얼테크닉 – 히아루론산성분 팩 – 보습, 영양크림마무리
	4주	재생 완화 및 진정관리 클렌징 – 딥클렌징(효소) – 매뉴얼테크닉 – 알로에 팩 – 보습영양크림 마무리

자기 관리 조언 (홈케어)	제품을 사용한 관리	아침: 미온수세안 – 유연화장수 – 아이크림 – 유수분에센스 – 데이크림 – 자외선차단제 저녁: 클렌징로션 – 폼클렌징 – 유연화장수 – 유수분에센스 – 나이트 크림 – 넥크림
	기타	물을 많이 마시고 충분한 잠을 자도록 한다.

※ 건성피부의 특징은 수분과 유분이 부족하여 잔주름과 당김 현상이 나타나므로 관리목적과 관리계획을 세울 때 반드시 유분과 수분 공급을 필요로 한다는 것을 잊지 말아야 한다.

관리계획 차트 (Care Plan Chart) – 지성 예시

비번호		시험일자 20 . . . (부)	
관리목적 및 기대효과	관리목적	각질이 두껍고 피지분비가 과다하여 트러블 발생이 쉽게 이루어지는 지성피부이므로 각질제거와 피지조절 및 수분공급에 중점을 두고 pH조절과 항염을 위한 관리에 목적을 둔다.	
	기대효과	pH 밸런스를 정상화 하고 철저한 딥클렌징을 통하여 피부표면을 유연하게 만들어 준다. 매뉴얼테크닉을 이용하여 혈액순환을 용이하게 만들어 안색을 맑게 하며 피부트러블을 예방한다. 유수분의 밸런스를 맞춰 화장의 지속성이 오래 유지될 수 있게 한다.	
클렌징	☐ 오일 ☐ 크림 ☒ 밀크/로션 ☐ 젤		
딥 클렌징	☐ 고마쥐(Gommage) ☐ 효소(Enzyme) ☐ AHA ☐ 스크럽 (시험문제에 명시된 대로)		
매뉴얼 테크닉 제품타입	☐ 오일 ☒ 크림 ☐ 젤 ☐ 앰플 ☐ 기타( )		
손을 이용한 관리형태	☒ 일반 ☐ 아로마 ☐ 림프 ☐ 기타( )		
팩	☐ 고 무 ☐ 석고 (시험문제에 명시된 대로)		
팩	T 존 : ☐ 건성타입 팩 ☐ 정상타입 팩 ☒ 지성타입 팩		
	U 존 : ☐ 건성타입 팩 ☐ 정상타입 팩 ☒ 지성타입 팩		
	목부위 : ☐ 건성타입 팩 ☒ 정상타입 팩 ☐ 지성타입 팩		
고객 관리 계획	1주	각질제거와 피지조절 관리 클렌징로션 - 딥클렌징(스크럽) - 매뉴얼테크닉 - 머드 팩-아이크림, 수분크림 마무리	
	2주	수분공급 관리 클렌징로션 - 딥클렌징(고마쥐) - 매뉴얼테크닉 - 콜라겐성분 팩 - 아이크림, 수분크림 마무리	
	3주	수렴 및 항염관리 클렌징로션 - 딥클렌징(AHA) - 매뉴얼테크닉 - 비타민성분 팩 - 아이크림, 수분크림 마무리	
	4주	재생과 탄력촉진관리 클렌징로션 - 딥클렌징(효소) - 매뉴얼테크닉 - 보습마스크 팩(수분팩) - 아이크림, 수분크림 마무리	
자기 관리 조언 (홈케어)	제품을 사용한 관리	아침 : 폼클렌징 - 수렴화장수 - 아이크림 - 수분에센스 - 데이크림 - 자외선차단제 저녁 : 클렌징로션 - 폼클렌징 - 수렴화장수 - 아이크림 - 수분에센스-나이트크림 - 넥크림	
	기타	과도한 세안을 삼가며, 오일프리 메이크업 제품을 사용한다. 되도록 짙은 화장은 하지 않도록 한다. 물을 많이 마시고 기름지거나 자극적인 음식은 피하고 충분한 수면을 취하도록 한다	

※ 지성피부의 특징은 수분이 부족하고 피지분비가 많은 것이 특징이므로 관리 목적과 관리계획을 세울 때 피지조절 및 수분공급, 유수분 밸런스를 맞춰야 한다는 것을 잊지 말아야 한다.

관리계획 차트 (Care Plan Chart) – 정상(중성) 예시

비번호			시험일자 20 . . . (부)	
관리목적 및 기대효과	관리목적	피지선과 한선의 기능이 원활한 정상피부로 유수분의 균형이 계속 유지될 수 있도록 꾸준하게 수분 공급을 하고 주름이나 색소침착 등 노화피부가 되지 않도록 매뉴얼테크닉을 병행하고 자외선이나 기타 유해한 환경으로부터 피부가 손상당하지 않도록 예방 및 보호의 목적을 둔다.		
	기대효과	유분과 수분 미백 관리를 통하여 피부손상이 일어나지 않도록 예방하고 보호하여 건강하고 아름다운 피부상태를 유지한다.		

클렌징	☐ 오일	☐ 크림	☑ 밀크/로션	☐ 젤	
딥 클렌징	☐ 고마쥐(Gommage)	☐ 효소(Enzyme)	☐ AHA	☐ 스크럽	(시험문제에 명시된 대로)
매뉴얼 테크닉 제품타입	☐ 오일	☑ 크림	☐ 젤	☐ 앰플	☐ 기타( )
손을 이용한 관리형태	☑ 일반	☐ 아로마	☐ 림프	☐ 기타( )	
팩	☐ 고무		☐ 석고	(시험문제에 명시된 대로)	

팩	T 존 :	☐ 건성타입 팩	☑ 정상타입 팩	☐ 지성타입 팩
	U 존 :	☐ 건성타입 팩	☑ 정상타입 팩	☐ 지성타입 팩
	목부위 :	☐ 건성타입 팩	☑ 정상타입 팩	☐ 지성타입 팩

고객 관리 계획	1주	각질제거와 신진대사 촉진 관리 클렌징로션 – 딥클렌징(효소) – 메뉴얼 테크닉 – 콜라겐모델링마스크 – 아이크림, 보습크림 마무리
	2주	유수분 균형을 위한 보습과 영양공급관리 클렌징로션 – 딥클렌징(스크럽) – 매뉴얼 테크닉 – 수분팩 – 아이크림, 보습크림 마무리
	3주	탄력과 노화방지 관리 클렌징로션 – 딥클렌징(고마쥐) – 매뉴얼테크닉 – 수분 팩 – 아이크림, 영양크림마무리
	4주	재생과 스트레스 완화 관리 클렌징로션 – 딥클렌징(효소) – 매뉴얼테크닉 – 콜라겐 벨벳마스크 – 보습 및 영양크림 마무리

자기 관리 조언 (홈케어)	제품을 사용한 관리	아침 : 미온수세안 – 유연화장수 – 아이크림 – 유수분에센스 – 데이크림 – 자외선차단제 저녁 : 클렌징로션 – 폼클렌징 – 유연화장수 – 아이크림 – 유수분에센스 – 나이트크림 – 넥크림
	기타	적절한 메이크업으로 외부자극을 줄이고 잦은 세안을 피하도록 한다. 충분한 수분섭취와 적당한 운동을 하며 충분한 수면을 취한다.

※ 정상피부의 특징은 유수분이 충분하며 특별한 문제점이 없는 건강한 피부로 현재 상태를 유지해야 하는 관리가 중요함을 잊지 말아야 한다.

관리계획 차트 (Care Plan Chart) – 복합성 예시
(T존:지성, U존:건성, 목:건성)

비번호			시험일자 20 . . . (부)
관리목적 및 기대효과	관리목적		한 얼굴에 두 가지 이상의 타입이 나타나는 피부로 T존은 지성피부의 특징이 나타나고 U존은 건성 피부의 특성이 나타난다. T존은 과다 분비되는 피지를 조절하고 피부 트러블을 예방하며 U존은 진정보습 관리를 통해 피부자극을 줄이고 피부를 진정시켜 건조함과 홍반이 쉽게 나타나지 않게 한다. 피부의 유수분의 균형조절을 통해 건강한 피부가 될 수 있도록 도와준다.
	기대효과		유분과 수분 관리를 통하여 여드름, 예민 등의 다양한 피부트러블을 막고 정상 피부가 되기를 기대해 본다.
클렌징	☐ 오일 ☐ 크림 ☒ 밀크/로션 ☐ 젤		
딥 클렌징	☐ 고마쥐(Gommage) ☐ 효소(Enzyme) ☐ AHA ☐ 스크럽 (시험문제에 명시된 대로)		
매뉴얼 테크닉 제품타입	☐ 오일 ☒ 크림 ☐ 젤 ☐ 앰플 ☐ 기타( )		
손을 이용한 관리형태	☒ 일반 ☐ 아로마 ☐ 림프 ☐ 기타( )		
팩	☐ 고무 ☐ 석고 (시험문제에 명시된 대로)		
팩	T 존 : ☐ 건성타입 팩 ☐ 정상타입 팩 ☒ 지성타입 팩 U 존 : ☒ 건성타입 팩 ☐ 정상타입 팩 ☐ 지성타입 팩 목부위 : ☐ 건성타입 팩 ☒ 정상타입 팩 ☐ 지성타입 팩		
고객 관리 계획	1주		각질제거와 피지조절관리 클렌징 로션 – 딥클렌징(효소) – 매뉴얼 테크닉 – T존: 머드 팩, U존: 콜라겐성분 팩 – T존: 수분크림, U존: 영양크림 마무리
	2주		수분 및 영양 공급관리 클렌징 로션 – 딥클렌징(고마쥐) – 매뉴얼 테크닉 – 알로에 팩 – 수분크림 마무리
	3주		탄력과 수렴관리 클렌징 로션 – 딥클렌징(AHA) – 매뉴얼테크닉 – T존: 머드팩, U존: 히아루론산성분 팩 – T존: 수분크림, U존: 영양크림 마무리
	4주		피부재생과 진정관리 클렌징 로션 – 딥클렌징(효소) – 매뉴얼테크닉 – 진정 팩(오이성분) – 수분크림
자기 관리 조언 (홈케어)	제품을 사용한 관리		T존: 피지조절성분, U존: 보습력이 높은 성분의 기초화장품 사용 아침: 폼 클렌징 or 미온수세안 – T존:수렴화장수, U존: 유연화장수-수분에센스 – 데이크림 – 자외선차단제 저녁: 클렌징 로션 – 폼클렌징 – T존: 수렴화장수, U존: 유연화장수-수분에센스 – 나이트크림 – 넥크림
	기타		자극적인 음식을 피하고 충분한 수분섭취와 규칙적인 생활습관을 유지하고, 뜨거운 물을 이용한 세안을 피한다.

※ 복합성피부는 T존과 U존의 피부타입이 다르므로 관리 목적 및 관리계획표를 작성할 때에 T존, U존, 목타입의 피부를 먼저 파악한 후 작성하도록 한다. T존은 지성이므로 피지의 정상화를, U존은 건성이므로 수분과 영양을 공급해야 한다는 것을 잊지 말고 그에 따른 분석표를 작성하도록 한다.

둘째 작업 클렌징 (Cleansing)

작업소요시간	15분

■ **미리 알아 두세요**

제 1과제 중 클렌징 단계는 제시된 피부타입 및 제품을 적용한 관리계획표에 맞춰 얼굴의 피부 유형별 상태에 따라 클렌징의 방법과 제품을 선택하여야 한다.

클렌징 단계는 1과제의 전체시간 중 15분간 시행되는 과정으로 포인트 메이크업을 지우는 과정부터 얼굴과 데콜테의 클렌징, 티슈 및 해면 사용, 온습포와 토너정리까지 여러 단계를 거쳐야 하는 복잡한 과정이므로 시간의 분배와 함께 준비물 처리에 신경을 써야 하며, 피부와 모델 주변에 클렌징 후의 잔여물이 남아 있지 않도록 세심한 관리가 시행되어야 한다.

■ **한국검정원의 요구사항**

작업시간 15분 동안 지참한 제품을 이용하여 포인트 메이크업을 지우고 관리범위를 클렌징한 후 화장솜 또는 해면을 사용하여 클렌징하고 정돈한다.

목적 피부 표면과 모공 속에 남아 있는 메이크업 잔여물, 먼지, 피지, 땀 등과 같은 노폐물을 제거하여 피부의 청결을 유지하는 과정이다.

준비물 포인트 메이크업 리무버, 클렌징 로션, 미용솜, 터번, 면봉, 해면, 해면볼, 티슈, 습포(소형타월), 트레이(쟁반), 토너

관리순서 및 소요시간

포인트메이크업 클렌징 → 얼굴 클렌징 → 티슈 → 해면 → 온습포 → 토너정리

구분	시험시간	내용	분배시간	준비물
클렌징	15분	준비 및 손 소독	약 1분	알코올 솜, 알코올 스프레이
		포인트 메이크업 지우기	약 6분	포인트 클렌징, 화장솜, 면봉
		데콜테 및 얼굴 클렌징	약 3분	클렌징크림
		티슈 및 해면 사용	약 3분	티슈, 해면 4장 정도
		온습포 사용	약 1분	소형 온습포 1장
		토너 정리, 터번 정리	약 1분	화장솜, 토너

시술 전 준비

1) 터번착용하기 : 모델에게 터번을 씌운다.

  ※ 주의 : 터번 착용은 손을 소독하기 전에 시행되어야 한다.

2) 손 소독하기 : 손 전체에 알코올 스프레이 또는 알콜솜을 이용하여 수검자의 손을 소독한다.

3) 포인트 리무버 준비하기 : 화장솜과 면봉에 적당량의 포인트 리무버를 적셔 준비한다.

주의사항

클렌징 단계는 피부의 노폐물이나 색조화장을 지우기 위한 과정으로 강한 압력을 주거나 너무 장시간 쓰다듬는 작업을 하지 않도록 주의해야 한다.

1절 포인트 메이크업 지우기

| 작업소요시간 | 약 6분 정도 |

목적 색조 화장품을 사용한 눈이나 입술에 색조 화장품의 잔여물이 남아 있지 않도록 깨끗하게 처리하기 위한 과정이다.

준비물 알코올 솜, 포인트 클렌징, 화장솜, 면봉

시술 순서 손소독 → 눈과 입에 화장솜 올리기 → 눈두덩 클렌징 → 마스카라 제거 → 입의 클렌징 → 잔여물 처리 → 정리

유의 사항
- 눈과 입술 부위는 다른 부위에 비해서 결이 얇고 매우 민감하기 때문에 마스카라, 립스틱 등과 같은 색조 화장은 반드시 전용 포인트 리무버로 클렌징을 해야 한다.
- 입술의 포인트 메이크업을 지울 때는 바깥쪽에서 안쪽으로 닦아주고 입술 주름 사이에 잔여물이 남아 있지 않도록 면봉이나 솜 등으로 깨끗이 제거한다.
- 마스카라와 같은 메이크업을 지울 때 불순물이 눈에 들어가지 않도록 세심한 주의가 필요하며 숙련된 테크닉이 이루어져야 한다.

실전테크닉 준비

01

준비

수험자의 손을 소독한다.
화장솜에 알코올을 충분히 적신 후 화장솜을
손가락 중지에 감싸 수험자의 손바닥과 손등
전체를 골고루 소독한다.

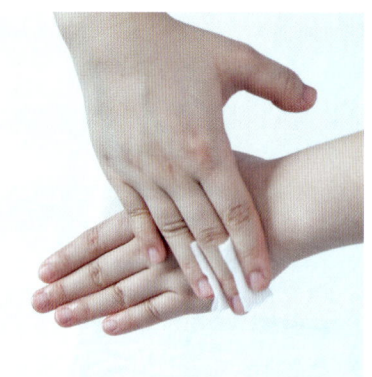 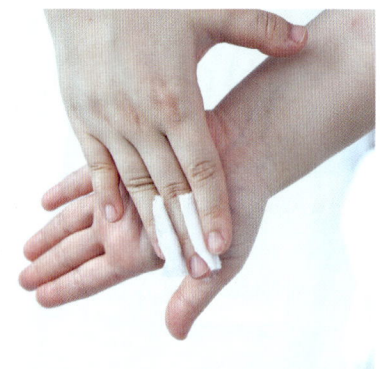

02

화장솜 올리기

젖은 화장솜에 포인트 리무버를 적셔 눈과
입술에 올려 놓은 후 가볍게 밀착시켜 준다.
화장이 잘 지워질 수 있도록 잠시 기다린다.

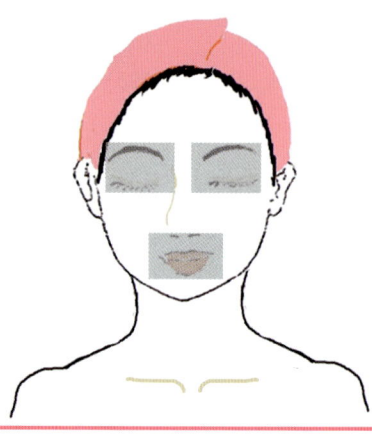 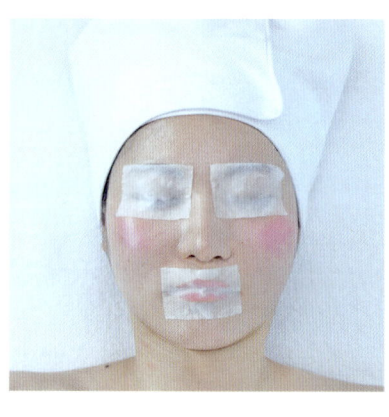

시술방법

03

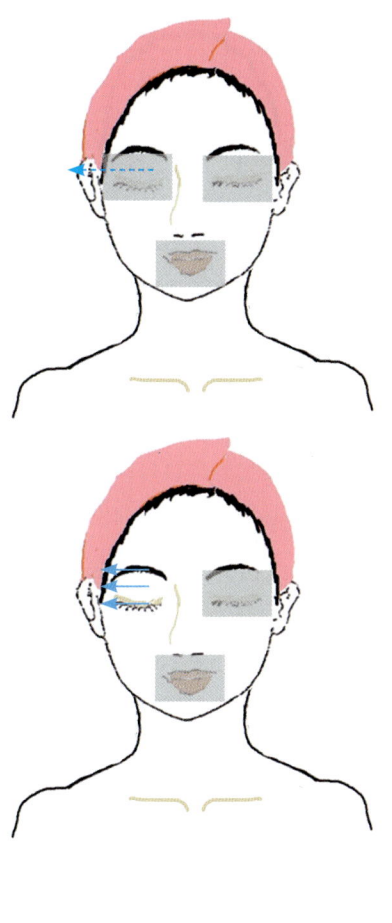

올려 놓은 화장솜을 3지(검지, 중지, 약지)를 이용하여 끼워 넣는다.
반대쪽 손을 이용하여 눈꺼풀이 잘 펴질 수 있도록 가볍게 잡아당긴 후 눈 안쪽에서부터 바깥쪽을 향해 눈두덩이, 아이라인, 언더아이라인으로 3등분하여 부드럽게 닦아 낸다.

04

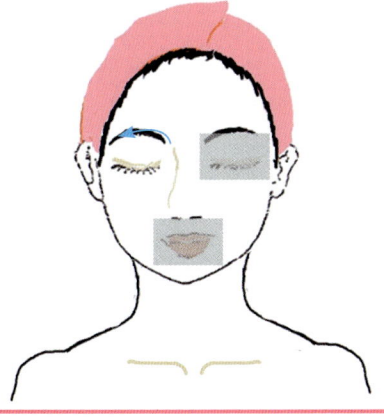

3의 닦아낸 화장솜의 깨끗한 면을 이용하여 중지에 끼운 후 반대 손은 눈썹 위를 양 옆으로 벌려 윗눈썹을 4~5회 정도 닦아 낸다.

05

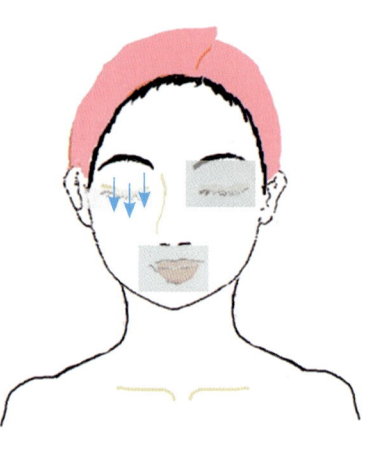

포인트 리무버를 묻힌 깨끗한 화장솜을 2/3로 접어 속눈썹 아래에 놓은 후 면봉을 이용하여 마스카라를 제거한다.

06

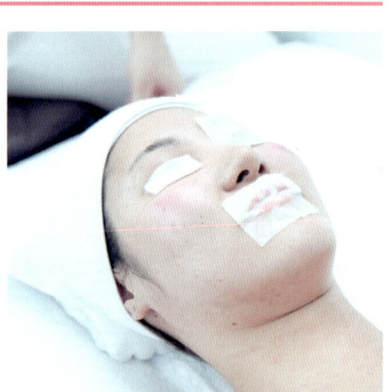

마스카라를 제거한 후 눈 밑에 놓아둔 화장솜을 속눈썹 위로 접어 올린 후 지긋이 누르며 눈 가장자리를 향해 닦아낸다.

07 | 08

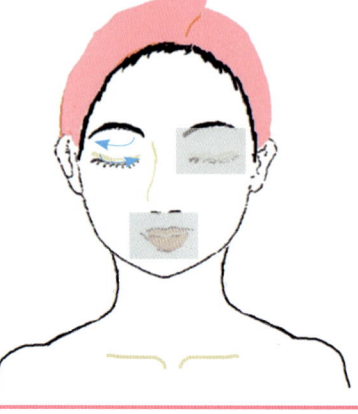
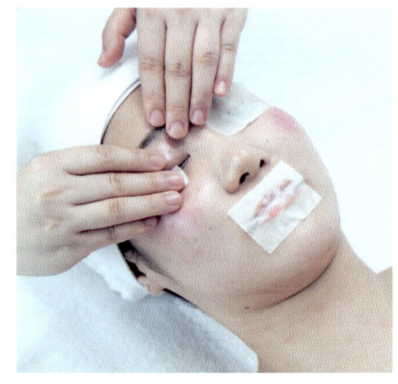

6번에서 사용한 화장솜을 다시 반으로 접어 아이라인 위·아랫부분을 다시 한 번 닦아준다.

다른 반대편 눈도 동일한 방법으로 진행한다.

09

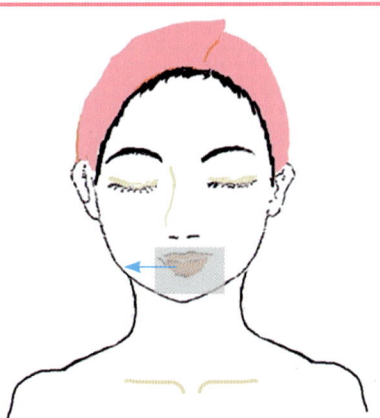 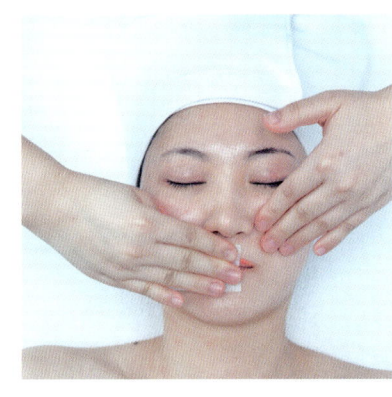

입술 위에 얹어져 있는 화장솜을 지긋이 누르며 옆 방향으로 닦아낸다.

10

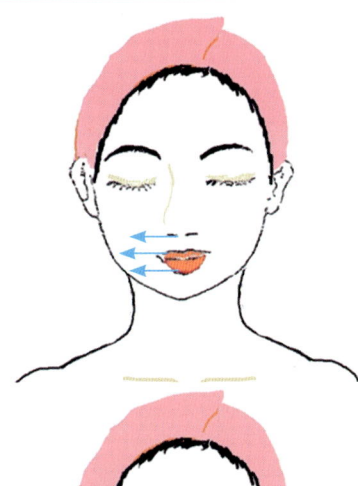 

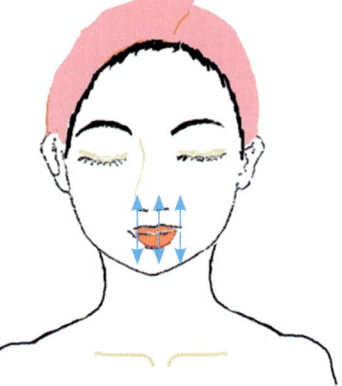 

포인트 리무버를 묻힌 새로운 화장솜을 2등분하여 접어 윗입술과 아랫입술을 차례로 닦고 다시 둥글리며 닦아준다.

11

 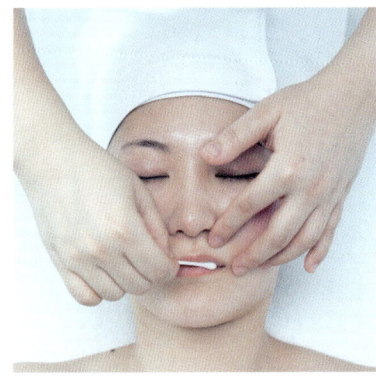

마지막으로 잔여물이 남아 있는지 입술 중앙과 입꼬리 부분도 세밀하게 닦아내며 확인한다. 면봉을 사용해도 좋다.

※ 화장솜과 면봉이 더러워지면 새로운 것으로 바꿔가며 사용하도록 한다.

2절 안면클렌징 (Facial Cleansing)

| 작업소요시간 | 약 3분 정도 |

목적
포인트 메이크업을 클렌징 한 후의 단계로 피부 표면에 있는 노폐물과 메이크업의 색조성분을 제거하여 매뉴얼테크닉 과정에서 일어나는 신진대사의 촉진과 피부의 호흡을 더욱 용이하게 만들어주기 위함이다.

준비물
알코올, 클렌징크림, 화장솜, 터번, 해면, 해면볼, 티슈, 온습포, 트레이(쟁반), 토너

시술 순서
손 소독 → 준비 → 얼굴 클렌징 → 티슈 → 해면 → 온습포 → 토너

안면클렌징제의 종류
① 로션타입: 친수성의 에멀전 상태로 수분 함량이 많아 건성 피부, 노화, 예민성 피부 등 모든 피부에 적합하다.
② 크림타입: 친유성의 크림 상태로 접착력이 강해 유분이 많이 함유되어 있는 두터운 메이크업을 제거하는데 적합하다.
③ 젤 타입: 오일 성분이 전혀 함유되어 있지 않아 피부에 자극적이지 않으며 여드름 피부, 예민 피부, 지성 피부에 적합하다.
④ 오일타입: 물에 쉽게 용해되는 수용성 오일 성분을 함유하고 있어 자극이 적으며, 노화 피부, 건성 피부, 진한 메이크업을 지우는데 적합하다. 단 여드름 피부는 부적합하다.

유의사항
① 클렌징 단계에서는 피부 표면에 있는 노폐물과 색조화장품의 잔여물만 닦아 내야 하는 과정이므로 피부 표면이 상하지 않도록 강한 자극의 테크닉은 피하도록 한다.
② 너무 많은 양의 클렌징크림을 발라 닦아 내는 과정에서 시간을 초과하는 일이 없도록 유의한다.
③ 얼굴의 클렌징 작업 시간은 약 2~3분여 정도로 오랫동안 문지르는 행위를 하지 않도록 한다.

실전테크닉 준비

01

준비

시술자의 손을 소독한다
화장솜에 알코올을 충분히 적신 후 화장솜을
손가락 중지에 감싸 시술자의 손바닥과 손등
전체를 골고루 깨끗하게 소독한다.

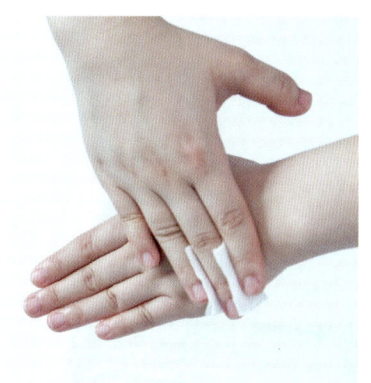 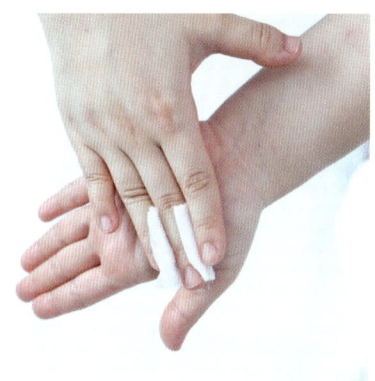

02

클렌징 로션 준비

- 방법1. 클렌징로션을 유리볼에 적당량을
  덜어 준비한다.
- 방법2. 클렌징 로션을 손에 적당량 펌핑하
  여 덜어 준비한다.

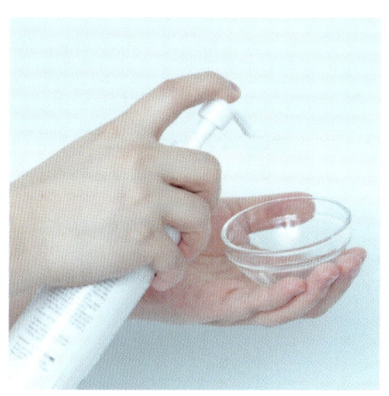

03-1

클렌징 로션 도포하기

클렌징 로션을 이마 → 볼 → 턱 → 목 → 데
콜테 순으로 부위마다 소량씩 묻혀 놓는다.

 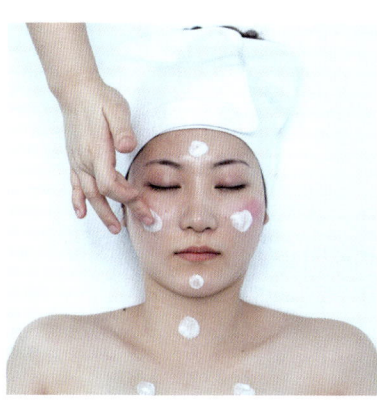

03-2

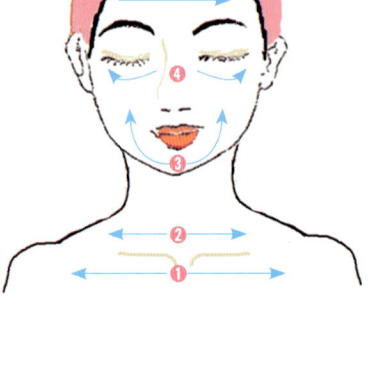

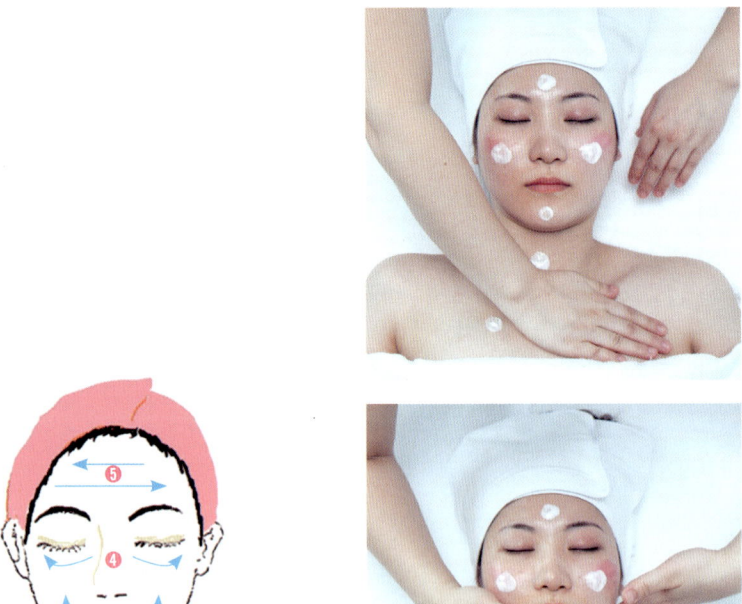

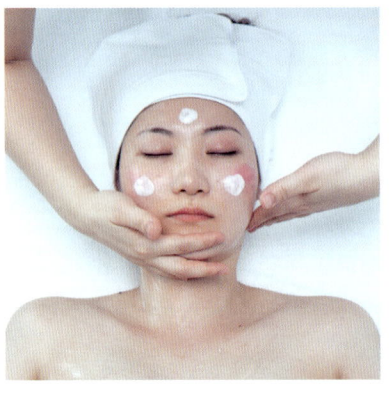

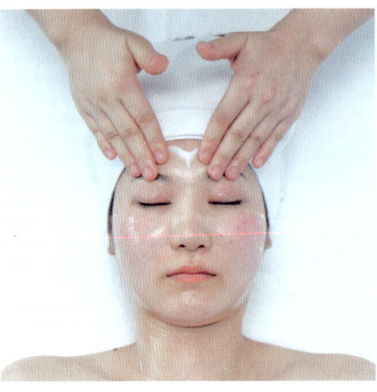

시술자의 손을 이용하여 데콜테 → 목 → 얼굴 순으로 가볍게 도포한다.

시술방법

04

① 데콜테 쓰다듬기

데콜테 부위(쇄골 아래)를 양손의 바닥면을 이용하여 번갈아 가면서 쓰다듬기를 한다.

② 데콜테 쓰다듬기

양손의 네 손가락을 펴가며 안쪽에서 바깥쪽을 향하여 원을 그리듯이 부드럽게 쓰다듬는다.

05

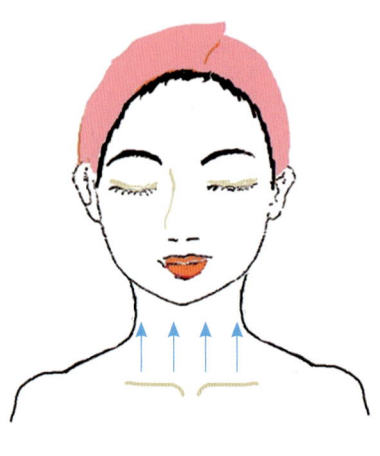

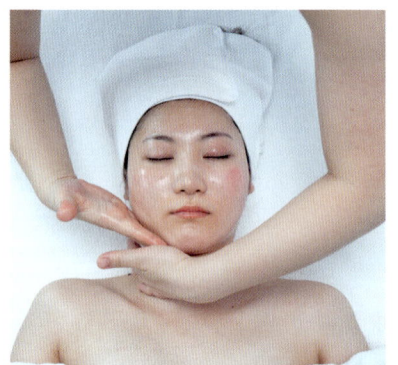

목 쓰다듬기

양 손바닥을 교대로 쇄골에서 턱쪽을 향해 3회씩 좌우를 번갈아가며 부드럽게 쓰다듬기를 반복한다.

06

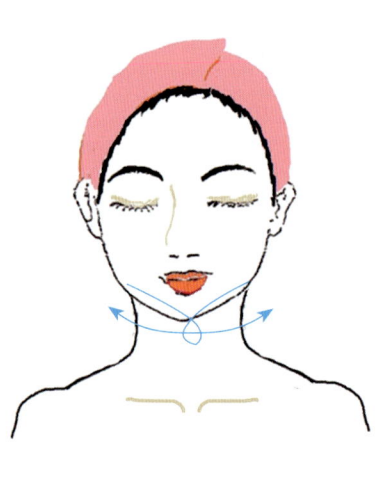
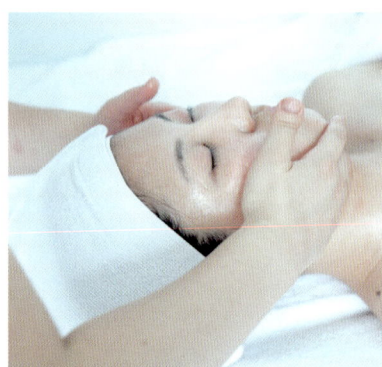
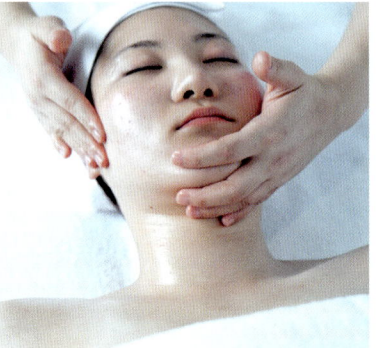

턱 쓰다듬기

양손의 손가락을 이용하여 턱 아랫면과 턱 윗면을 감싼 후 한 손씩 번갈아 가면서 쓰다듬어 준다.

07

입술 쓰다듬기

양손을 턱 전체를 가볍게 감싼 후 입술 아래쪽 → 입술 위쪽을 돌아 다시 턱끝쪽으로 되돌아기를 양손 번갈아 가며 쓰다듬기를 한다.

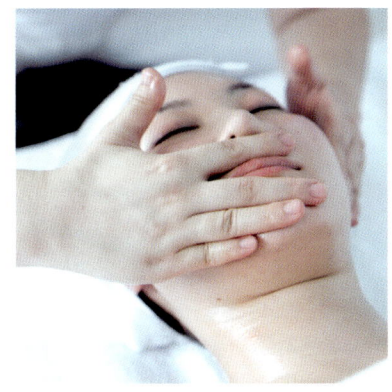

08

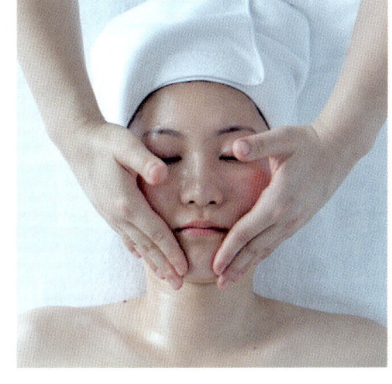
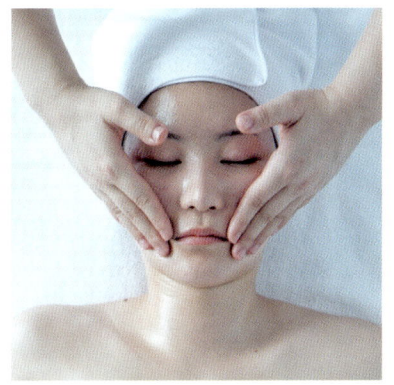

양볼 문지르기

양손의 사지 끝면을 이용하여 턱중앙 → 턱끝, 입술 가장자리 → 귀앞, 콧망울 → 관자놀이 순으로 3등분하여 러빙한다.

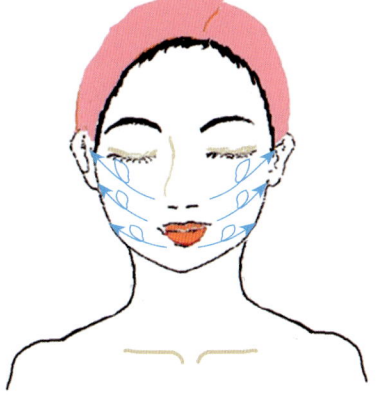
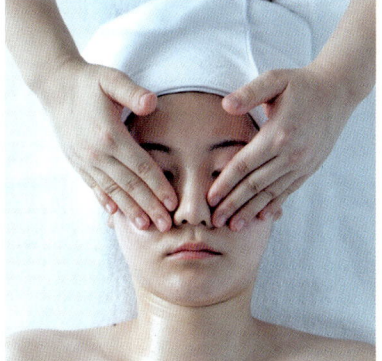

09

콧망울 쓸기

중지와 약지를 이용하여 콧망울을 감싸고 가볍게 돌려 문지른다.

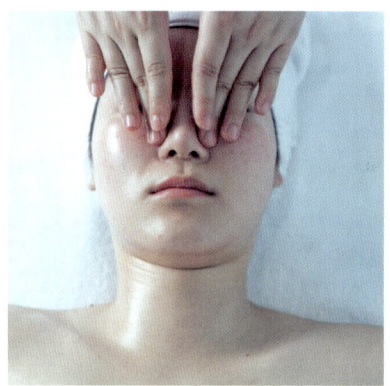

10

코벽 쓸기

코의 측면인 코 벽과 콧등을 중지를 이용하여 위·아래로 쓰다듬어준다.

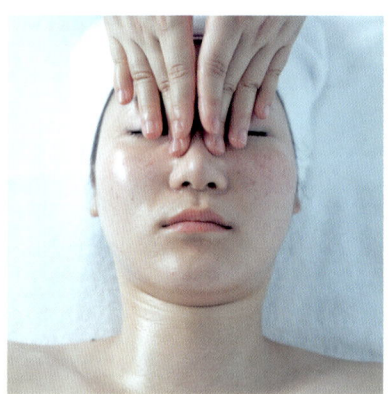

11

눈 주위 쓸어주기

가운데 손가락을 이용하여 눈가의 근육(안륜근) 방향으로 가볍게 쓸어준다.

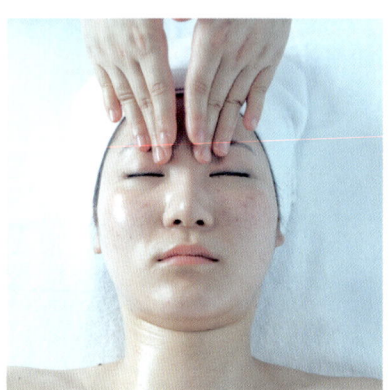

12

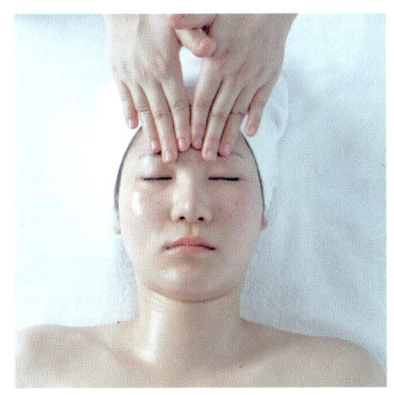

이마 문지르기

이마를 3등분하여 안에서 밖을 향해 가볍게 나선형으로 문질러준다.

13

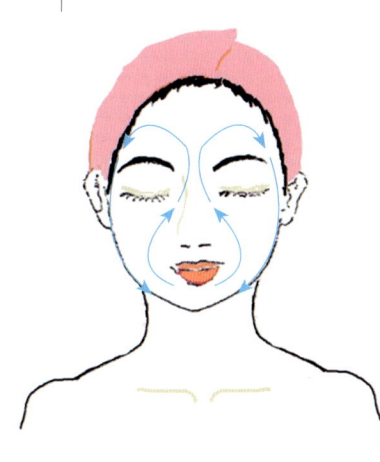

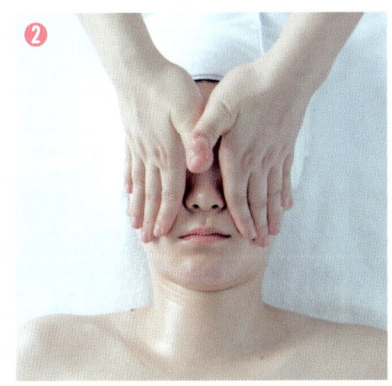
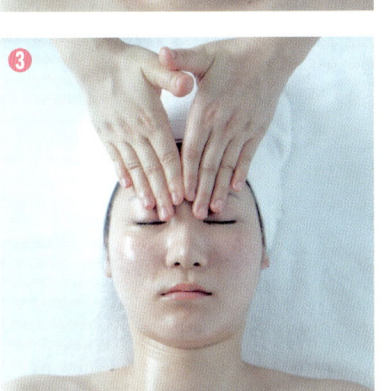

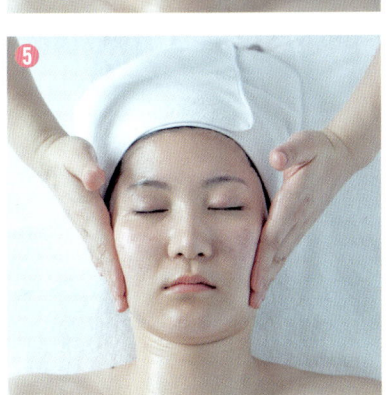

마무리하기

이마문지르기가 끝난 후 얼굴 전체를 양손을 이용해 턱에서 부터 코옆을 지나 이마로 올라와 볼 가장자리를 쓸어내려 턱에서 양손을 교차하는 동작을 3회 반복한다.

① 양손을 이용하여 턱을 감싸 쓸어 올린 후
② 코의 측면을 따라 올라가
③ 이마를 쓸어준 후
④ 눈 가장자리와
⑤ 볼 가장자리로 쓸어내려
⑥ 턱에서 마무리한다.

3절 티슈·해면·온습포·토너

| 작업소요시간 | 약 5분 정도 |

티슈를 사용한 클렌징

용도

클렌징 후 남아 있는 클렌징제품을 제거하고 남아 있는 유분기를 깨끗하게 흡수하여 닦아낸다.

실전테크닉

01

티슈는 삼각형으로 접어 이마를 중심으로 콧등 위까지 덮어 가볍게 밀착시켜 유분기를 제거한다.

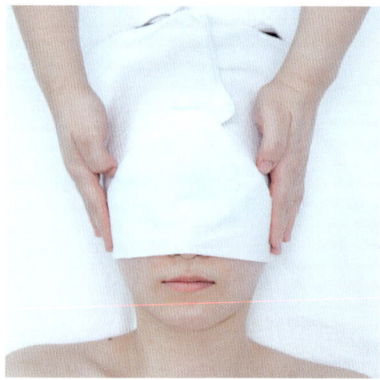

02

1의 반대쪽 면을 코부터 턱까지 덮어 가볍게 밀착시켜 유분기를 제거한다.

03

티슈를 반 접어서 목과 데콜테에 가볍게 밀착시켜 유분기를 닦아낸다.

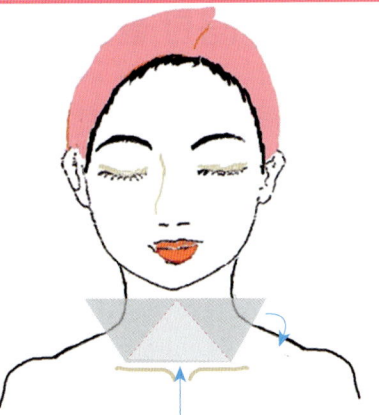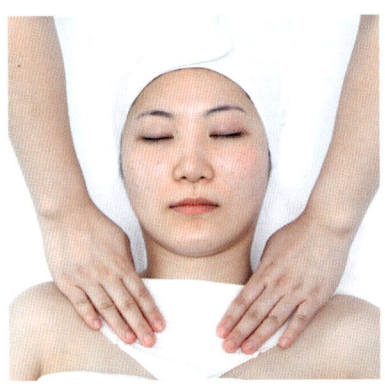

04

새로운 티슈를 접어 손가락에 끼워넣어 눈주변을 먼저 닦아준 후 이마, 볼, 턱, 목 순서대로 남아있는 클렌징 티슈의 깨끗한 면을 이용하여 콧망울 주변과 입꼬리 부위의 남아있는 유분을 세심하게 제거한다.

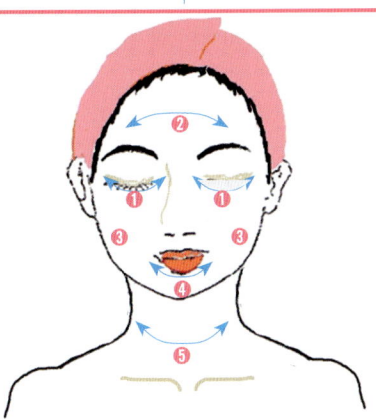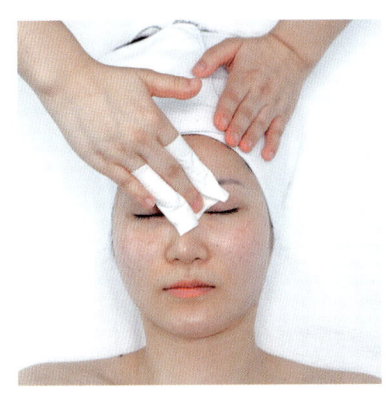

해면을 이용한 클렌징

용도

해면은 스폰지 타입으로 흡착성이 좋아 클렌징 크림과 같은 오일성분이나 딥클렌징 단계 후 남아 있는 잔여물을 쉽고 깨끗하게 제거하는데 사용된다.

주의 사항

가. 해면은 클렌징크림을 닦아내기 위해 깨끗한 면을 돌려가면서 사용해야 하므로 해면을 돌려 방향을 바꿀 때는 능숙한 동작이 이루어지도록 한다.

나. 해면을 이용하여 클렌징크림을 닦을 때 피부에 너무 강하게 문질러 피부에 손상이 가지 않도록 유의한다.

실전테크닉

01

눈가 닦아주기

해면을 엄지와 새끼손가락 사이에 끼워 넣은 후 피부에 가볍게 밀착시켜 아이라인과 눈두덩이 부분을 닦아준다.

 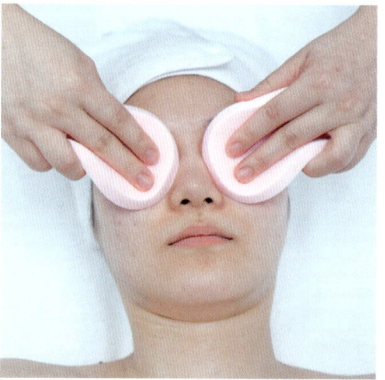

02

눈썹과 이마 닦아주기

해면을 깨끗한 면으로 돌리고 눈썹 앞머리에서 관자놀이까지 닦아준다.

 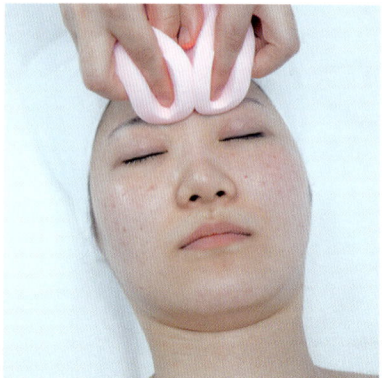

03

이마 닦아주기

이마를 3등분하여 중앙에서 바깥쪽을 향해 닦아낸다.

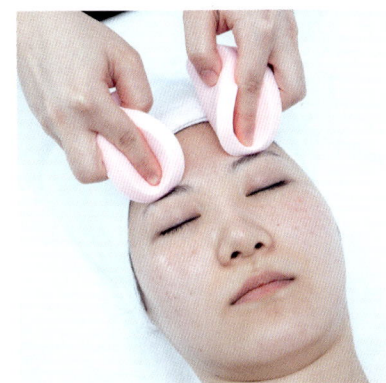

04

코 닦아주기

해면의 깨끗한 면을 이용하여 양손을 번갈아 가면서 콧등과 코의 벽을 아래쪽을 향해 닦아낸다.

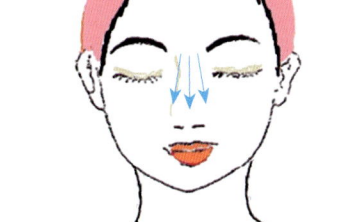
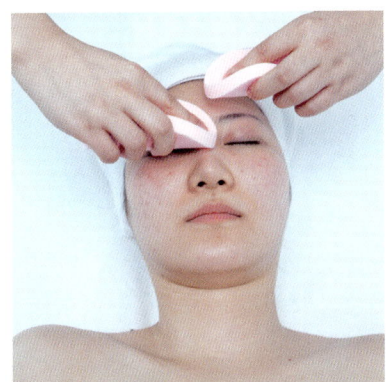

05

턱과 볼 닦아주기

볼을 3등분하여 턱 중앙에서 턱 끝, 입술 옆에서 귀 앞, 코 앞에서 관자놀이 순으로 닦아낸다.

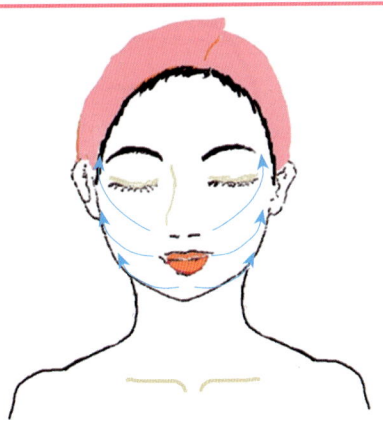
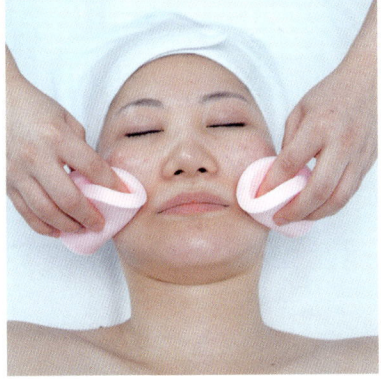

06

목 닦아주기

목에서 턱 쪽을 향해 위로 쓸어 올려가며 목 중앙에서 가장자리를 향해 닦아낸다.

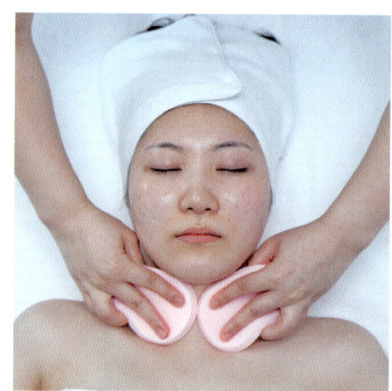

07

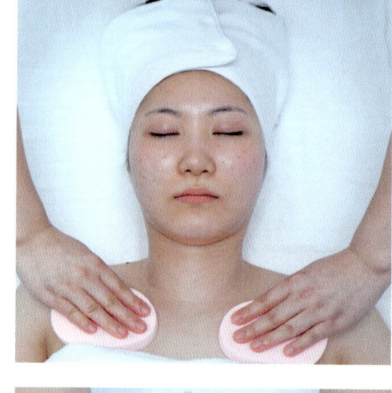

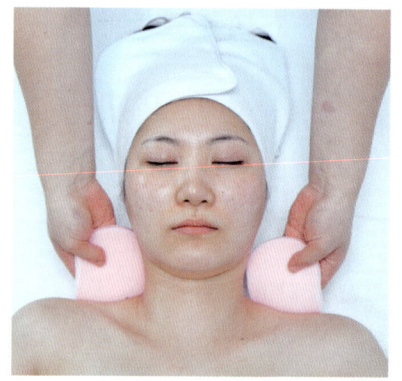

목과 어깨 닦아주기

양손을 이용하여 데콜테 중앙에서 어깨 끝지점까지 닦아준 후, 뒷목을 타고 올라가며 마지막에 귀를 닦아준다.

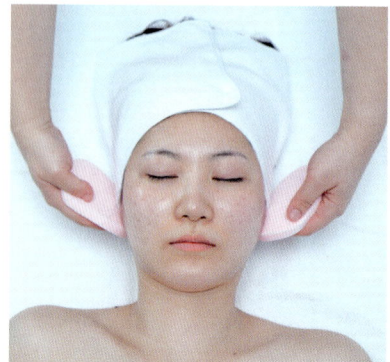

습포를 이용한 클렌징

습포의 개요

습포는 사용목적에 따라 온습포와 냉습포로 나누어 사용된다. 온습포는 시술 과정 중 남아 있는 유분기와 잔여물을 제거하며 혈액순환 촉진, 이완 효과를 주며, 냉습포는 마무리 단계에 주로 사용되며 수렴효과, 모공수축 효과를 높여 관리의 효능을 돕는다.

온습포의 목적과 사용단계

1) **목적**
전단계의 잔여물 및 불순물 제거효과, 온기를 이용한 혈액순환 촉진, 이완 효과

2) **사용단계**
a. 클렌징 단계 후
b. 딥클렌징 단계 후: AHA를 제외한 모든 딥클렌징
   1장씩 사용: 고마쥐, 스크럽
   2장씩 사용: 효소
c. 메뉴얼 테크닉 단계 후

냉습포의 목적과 사용단계

1) **목적**
피부관리의 마무리 단계 또는 진정을 위해 사용되며 모공의 수축, 소양증 완화, 수렴효과, 염증 완화의 효과가 있다.

2) **사용단계**
a. 딥클렌징(AHA 사용 시) 단계 후
b. 팩, 마스크 단계 후
※ 시험장에서는 온습포는 총 6장, 냉습포는 3장 정도 준비한다.

주의 사항

1) **습포 사용 시 주의 사항**
- 습포는 깨끗한 타월을 사용하여야 하며 얼룩이 져 있거나 너무 오랫동안 사용하여 타월 표면이 거친 것은 피하도록 한다.
- 습포의 물기가 너무 많이 남아 있지 않도록 한다.
- 습포 사용 시 지압과 같은 압력은 감점 요인이 될 수 있으므로 유의한다.
- 피부가 손상되지 않도록 부드럽게 닦아낸다.

2) **습포 사용 시 주의 사항**
- 온습포는 6장을 시험장에 비치된 온장고에 비번호를 적어 놓은 후 온장고에

넣어 둔다.
- 냉습포는 3장 정도를 적당한 크기로 접어 비닐봉지에 넣어 정리대의 2단에 준비해 놓는다.
- 온습포를 준비하기 위해 온장고로 이동할 때에는 반드시 쟁반을 들고 가도록 하며, 시험장에 비치된 집게를 이용하여 온습포를 꺼내 준비한 쟁반에 담아서 가져 오도록 한다.
- 모델에게 습포를 적용할 때에는 온도를 체크해야 하며 재봉선이 이마 쪽을 향하도록 반으로 길게 접어 가볍게 감싸 얼굴을 덮도록 한다.

실전테크닉

01 온습포를 준비하는 과정 시 준비한 쟁반을 들고 온장고로 이동해야 하며, 시험장에 비치된 집게를 이용하여 온습포를 쟁반에 담아서 가져 오도록 한다.

02

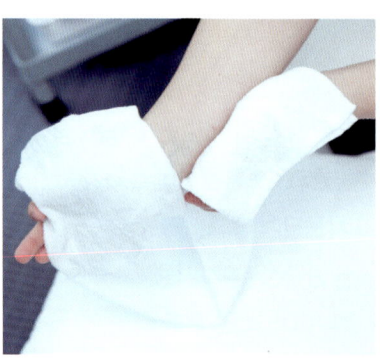

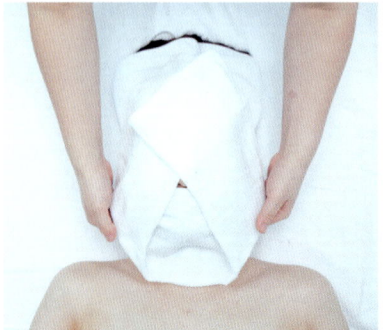

온습포의 온도를 체크한 후 습포의 가로면의 재봉선이 이마쪽을 향하도록 반으로 접어서 턱을 감싼 다음 콧망울에서 습포의 양쪽 끝이 교차하도록 접어 얼굴 전체를 감싼다.

03

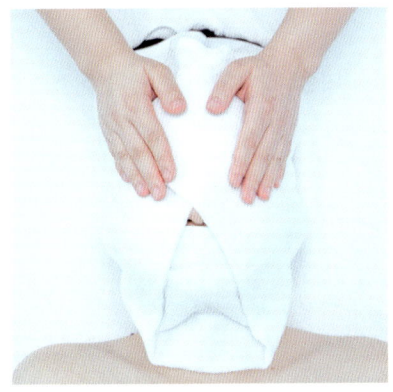 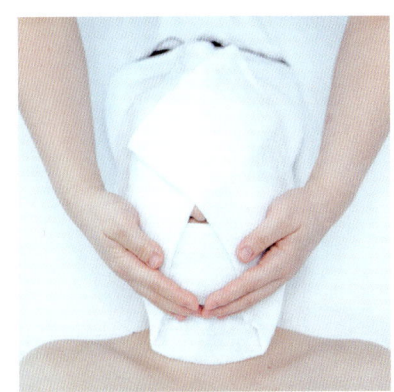

얼굴 전체를 감싼 후 손바닥을 이용하여 지긋이 눌러 밀착시킨다.

04

습포의 양쪽 끝을 벌려 놓은 후 재봉선 사이로 양 손을 넣는다.

05

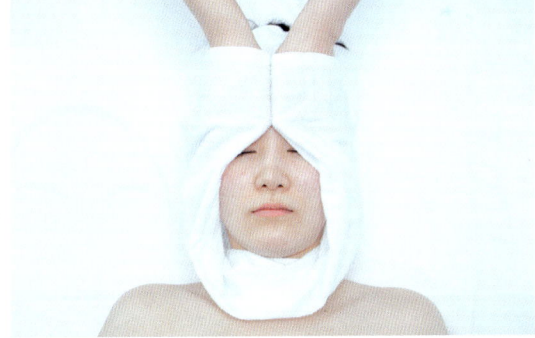

제일 먼저 눈을 닦아준 후 손의 위치를 옮겨가며 이마 → 코 → 양볼 → 입술 → 턱 순서로 닦아준다.

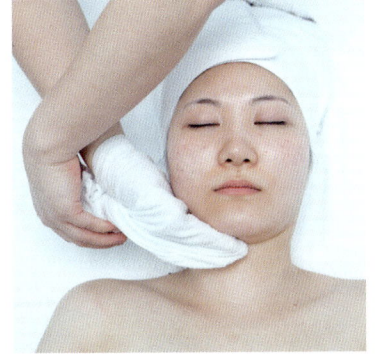 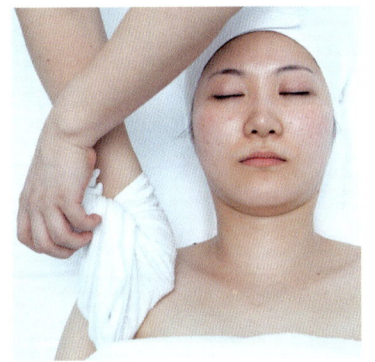

사용한 습포를 들어 한 쪽 손을 감싸 턱 밑 → 목 → 어깨를 감싸고 귀밑으로 연결하여 꼼꼼하게 닦아준다. 반대 쪽도 습포의 다른 깨끗한 면을 이용하여 순서대로 닦아준다.

토너(Toner) 정리

토너의 목적 피부의 유수분의 밸런스를 맞춰주고 전단계의 잔여물을 제거한다.

실전테크닉 피지가 가장 많이 분포되어 있는 이마와 코를 먼저 닦아낸 후 볼, 턱, 목 순으로 닦아가며 정리한다.

01 토너를 화장솜에 적당량을 묻혀 가운데 손가락에 끼워 넣는다.

02 한손은 얼굴이 기울어지지 않도록 가볍게 터치하여 고정시켜 놓은 후 토너를 묻힌 화장솜을 반대편 중지손가락에 끼워 넣은 후 이마를 가볍게 닦아준다.

 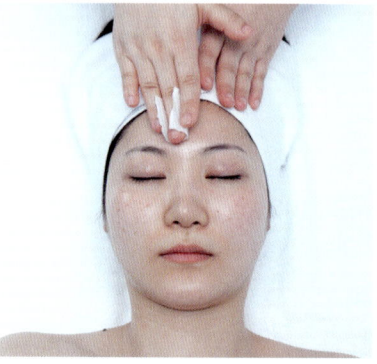

03 콧망울과 코벽을 따라 닦아낸다.

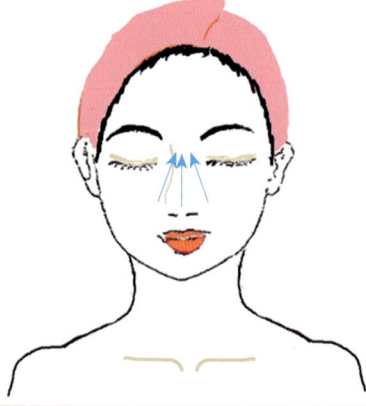 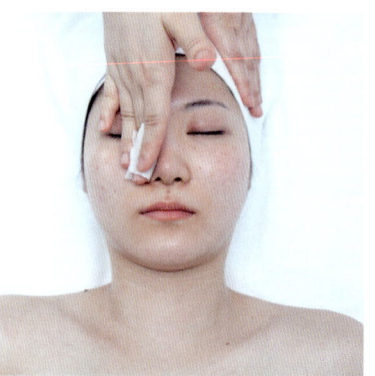

04

볼은 3등분하여 위에서부터 아래쪽으로, 중앙에서 바깥쪽을 향해 약간 사선 모양으로 닦아준다. 반대쪽도 동일하게 작업한다. (눈밑 → 관자놀이, 콧망울 → 귀중앙, 입꼬리 → 귀밑)

화장솜을 뒤집어 반대편도 동일한 순서대로 닦아낸다.

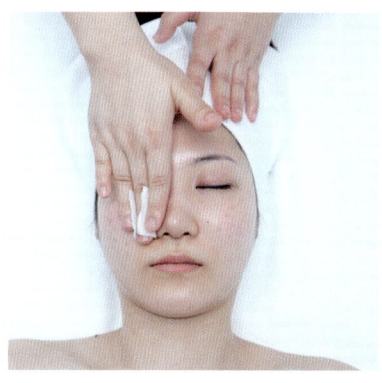

05

입가 둘레에 맞춰 원을 그리며 닦아낸다.

06

목 아래 가장자리부터 반대편까지 아래턱을 향해 닦아준다.

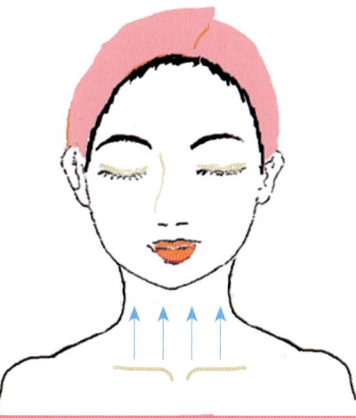
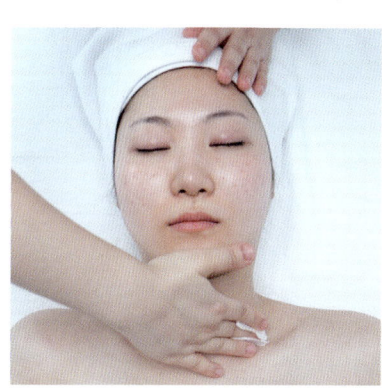

07

양쪽 데콜테를 중앙에서 바깥방향으로 닦아준다.

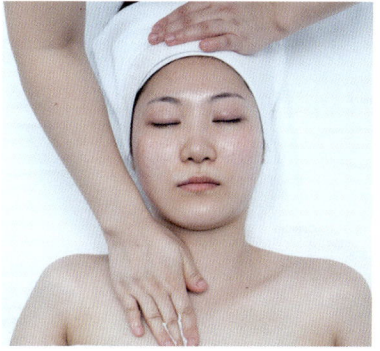

셋째 작업 **눈썹정리**

| 작업소요시간 | 5분 |

■ 미리 알아 두세요

제1과제 중 눈썹 정리 단계는 포인트 메이크업과 안면 클렌징 단계 후의 과정으로 족집게와 눈썹칼을 이용하여 얼굴형에 맞는 눈썹 모양을 만드는 과정이다.

눈썹 정리 단계는 1과제의 전체시간 중 5분 동안 시행되어야 한다.

1과제 중 눈썹정리 과정은 모델 선택에 있어 신중을 기해야 한다. 만약 눈썹 정리가 되어 있어 정리할 눈썹이 없는 경우 감점요인이 될 수 있으며 좌우 차이가 나는 것이 확인되어야 하기 때문이다.

특히 눈썹을 뽑을 때는 손을 들어 감독관 확인 하에 실시한다. 이때 한쪽 눈썹에만 작업이 이루어져야 한다.

■ 검정원의 요구사항

족집게와 가위, 눈썹칼을 사용하여 얼굴형에 맞는 눈썹모양을 만들고, 보기에 아름답게 눈썹을 정리한다.

목적 얼굴형에 맞는 눈썹모양을 만들고, 보기에 아름답게 눈썹을 정리한다.

준비물 소독용 알코올, 눈썹브러시, 눈썹가위, 족집게, 눈썹칼, 티슈, 진정젤

눈썹정리 순서   준비 및 소독 → 눈썹 브러시로 빗어 정리 → 눈썹 자르기 → 눈썹 뽑기 → 눈썹 칼로 밀기 → 진정젤 바르기 → 정리

시험시간	구분	내용	분배시간	준비물
5분	눈썹 정리	손 소독, 눈썹 소독	약 30초	알코올 솜
		눈썹 정리	약 4분	눈썹 브러시, 눈썹 가위, 족집게, 눈썹칼
		진정젤 도포	약 30초	진정 젤(알로에젤)

준비사항

① 모델의 오른쪽 편에 티슈를 깔아놓는다.
② 눈썹정리를 위한 도구를 소독한다.
③ 깔아 놓은 티슈 위에 눈썹도구를 셋팅한다.
※ 눈썹이 없는 경우 0점 처리 하고 사전 눈썹 정리를 해온 경우 감점(-2점) 처리된다.

주의 사항

① 족집게를 사용할 시 반드시 손을 들어 감독관 입회 및 지시에 따라야 하며, 눈썹은 3개 이상 뽑도록 한다.
② 넓은 면의 눈꺼풀에 있는 잔털과 모양을 내기 위한 눈썹 제거는 눈썹칼을 이용하도록 한다.
③ 눈썹 정리는 한쪽 눈썹만 작업을 하도록 한다. 눈썹정리 후 좌우 눈썹 비교 시 정리한 곳과 정리하지 않은 곳이 분명하게 차이가 나는 것이 확인되어야 한다.

실전테크닉

01

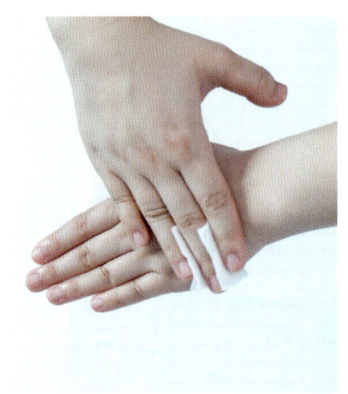
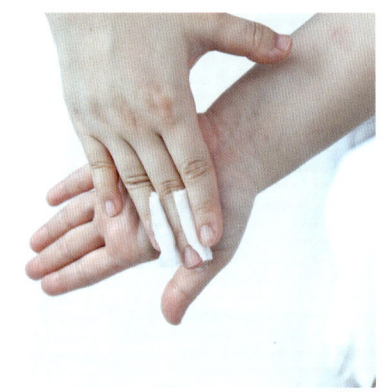

손 소독

알코올을 손 전체에 골고루 뿌려 소독하거나 알코올을 묻힌 솜을 이용하여 손 전체를 소독 한다.

02

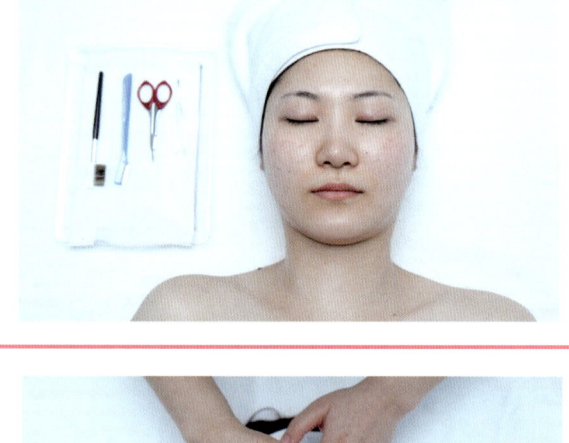

도구 소독 및 준비

- 누워 있는 모델의 오른편에 티슈를 깔아 놓는다.
- 사용할 도구를 알코올로 소독하여 깔아 놓은 티슈위에 배치시켜 놓는다.

03

눈썹 소독

눈썹 정리를 하기 전 알코올 솜으로 눈썹을 먼저 소독한다.

04

눈썹의 길이 파악

눈썹 브러시를 이용하여 눈썹 앞머리에서 가장자리를 빗어가며 눈썹의 위치 및 총 길이를 파악한다.

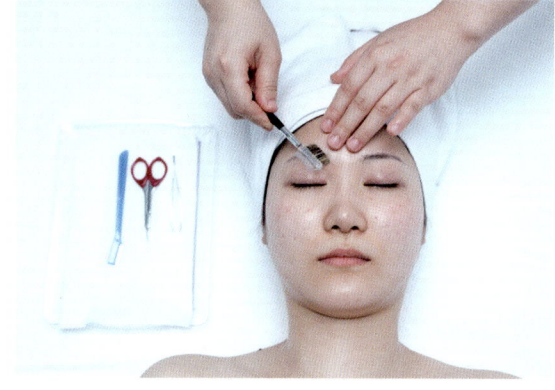

05

브러시와 눈썹가위를 이용하여 눈썹 길이 자르기

눈썹 브러시 밖으로 빠져 나온 눈썹을 눈썹가위로 다듬어 준다.

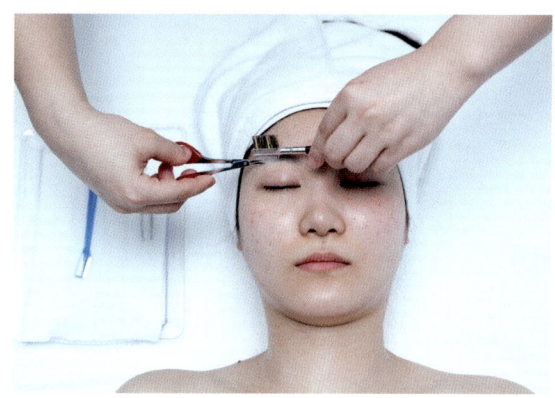

06-1
06-2

족집게를 이용하여 눈썹 뽑기

중지에 화장솜을 끼워 넣은 뒤 눈꺼풀의 텐션을 주어가며 족집게를 이용하여 털이 난 방향으로 불필요한 눈썹을 제거한다.

감독관 입회요청하기

손을 들어 감독관에게 준비되었음을 알리고 감독관 입회하에 3개 이상 뽑아 끼워 넣은 화장솜위에 올려놓는다.

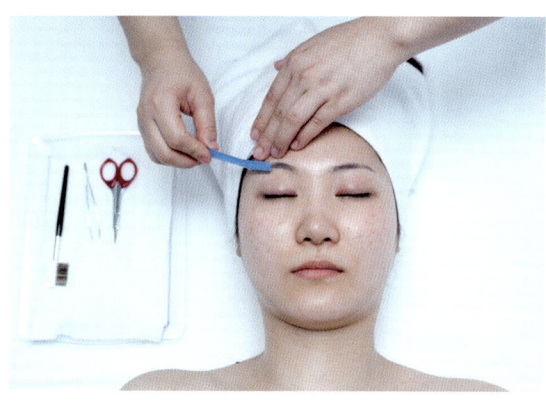

07

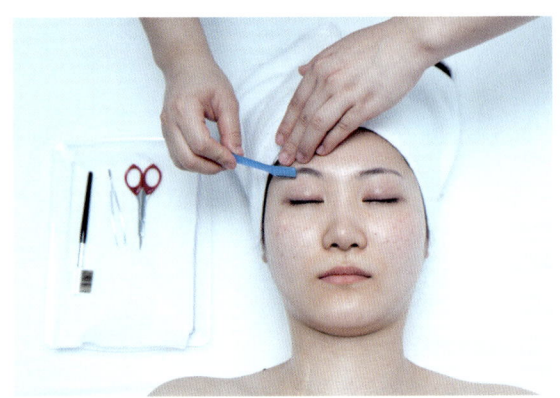

눈썹칼 이용하여 다듬기

눈썹칼을 이용하여 눈썹을 다듬어 준다.

08

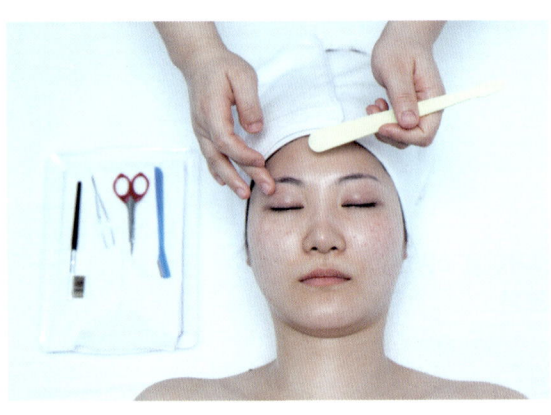

진정젤 사용하기

족집게와 눈썹칼로 뽑은 눈썹 부위는 면봉이나 화장솜을 이용하여 소독하고, 진정크림(알로에 젤)을 발라준다.

넷째 작업 **딥클렌징**

작업소요시간	10분

■ 미리 알아 두세요

딥클렌징 과정에서는 공단에서 제시하는 타입이 어떤 것이 될지 알 수 없으므로 반드시 목록의 4가지 제품을 모두 준비하여야 한다.

그 중 효소는 분말형으로 준비하여 물에 개어서 크림형상으로 만들어 사용해야 한다. 그리고 효소를 사용할 때는 효소성분의 활성화를 돕기 위해 2장의 온습포를 준비해야 한다.
AHA는 액체형으로 준비하되 지정된 함량을 확인하여 준비하도록 한다. 지정된 AHA의 함량 이상의 것을 사용하여 트러블을 유발하는 경우 수험자에게 귀책이 돌아 갈 수 있으므로 유의하도록 한다.
딥클렌징의 도포 범위는 이마부터 턱선까지의 얼굴을 관리 범위로 한다.
시험에 제시된 딥클렌징 제품은 반드시 베드 위에 올려 놓고 감독관의 확인을 받도록 해야 한다.

■ 검정원의 요구사항

스크럽, AHA, 고마쥐, 효소의 4가지 타입 중 지정된 제품을 사용하여 얼굴에 딥클렌징을 한 뒤에 피부를 정돈한다.

목적 전문적인 딥클렌징 제품을 사용하여 두터운 각질과 모공 깊숙이 들어 있는 노폐물을 제거하고 다음 단계에서의 영양흡수를 용이하도록 만들어 주는 과정으로 물리적인 방법과 화학적인 방법으로 나뉘며, 각화 과정의 정상화 및 피지분비 정상화를 도와 세포의 재생을 유도하는 단계이다.

준비물	딥클렌징 제품(스크럽, 고마쥐, AHA, 효소: 제시된 딥클렌징제 사용), 스파튤라, 브러시, 손 소독제 화장솜, 유리볼, 스킨(토너), 해면, 습포, 티슈(고마쥐 사용 시)	
시술 순서와 시간	소독 및 준비 → 터번 준비 → 딥클렌징제 도포 → 아이패드 올리기 → 해면 마무리 → 습포 마무리 → 토너 정리	

구분	시험시간	내용	소요시간	준비물
딥클렌징	10분	손 소독하고 제품 덜어 담기	약 1분	
		터번정리 및 티슈 셋팅	약 2분	터번, 티슈
		딥클렌징 도포와 아이패드 올리기	약 3분	제시된 딥클렌징제, 화장솜
		해면사용	약 2분	해면 4장
		습포 사용	약 1분	습포 1장
		토너 정리	약 1분	화장솜, 토너

주의 사항

① 피부의 예민한 부위와 눈 주위는 피해서 도포해야 하며 제품이 눈, 코, 입에 들어가지 않도록 주의해야 한다.(필요한 경우 아이패드를 적용한다)
② 딥클렌징제는 턱선 까지만 도포하도록 한다.
③ 피부 타입에 맞는 제품을 선택하여야 한다.(시험장에서는 제시된 제품을 사용한다)
④ 제품의 제형에 따른 사용방법이 정확해야 한다.
⑤ 시험에 제시된 딥클린징 제품은 반드시 베드위에 올려놓고 확인을 받도록 한다.

딥클렌징 제품별 시술 방법

가. 효소(Enzyme) :
시험장에서는 분말 타입의 효소 제품을 사용하도록 한다.

용도
- 화학적인 방법으로 파파야나 파인애플에서 추출한 단백질 분해 효소가 단백질을 분해하여 각질을 제거하는 방법이다.
- 입자가 고와서 자극이 적고 물과 혼합이 잘되어 모든 피부 타입에 사용이 가능하다.
- 효소는 여러 종류가 있지만 검정원의 시험 규정은 물을 섞어 사용하는 파우더 타입으로 정하고 있다.
- 효소를 이용한 각질 제거 시에는 도포 후 온도, 습도, 시간이 적절하게 제공되어야 효소의 활성화가 이루어지므로 시험장에서는 온습포를 올려 효소의 활성화를 돕도록 한다.

주의 사항
- 제거 시 불편하지 않도록 효소의 묽기 조절에 유의하여야 한다. 너무 묽으면 도포가 고르게 되지 않으며, 너무 되직하면 빨리 건조될 수 있다.
- 제품 도포 후 젖은 거즈로 덮어 놓은 뒤 효소가 충분히 발효될 수 있도록 온습포를 올려 놓는다.

테크닉순서

01

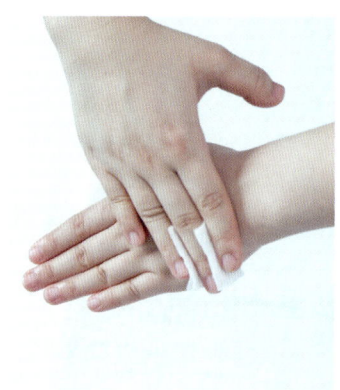 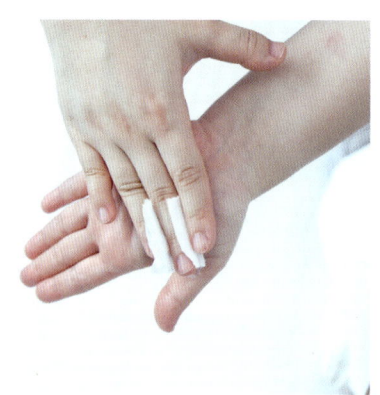

손 소독
알코올을 이용하여 손을 소독한다.

02

재료 준비하기
준비된 유리볼에 적당량의 효소를 덜어 물과 1:1의 비율로 팩붓을 이용하여 배합을 한다.

03

효소 도포하기
팩붓을 이용하여 이마 → 볼 → 턱 순으로 효소제품을 안에서 바깥쪽으로 피부의 결을 따라 골고루 도포한다.

04

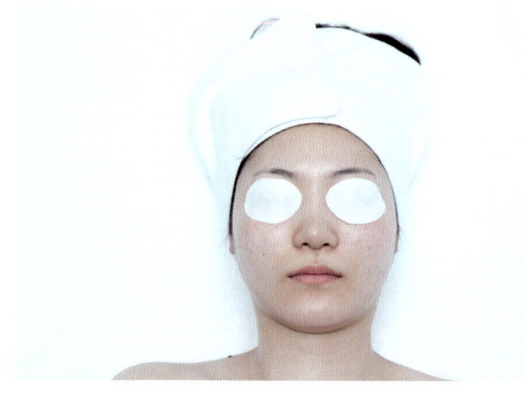

눈 가려주기
모델의 눈에 제품이 들어가지 않도록 젖은 화장솜을 올려 눈을 가려 놓는다.

05

거즈 올려놓기

4번 이후 젖은 거즈를 얼굴 전체에 고르게 펴서 부착시킨다.

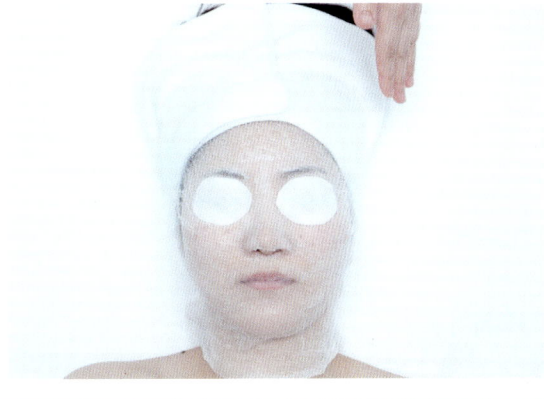

06

온습포 올린 후 발효시간 기다리기

5번 위에 온습포를 올려 준 뒤 발라 놓은 효소의 활성을 돕기 위해 1~2분 정도 기다린다.

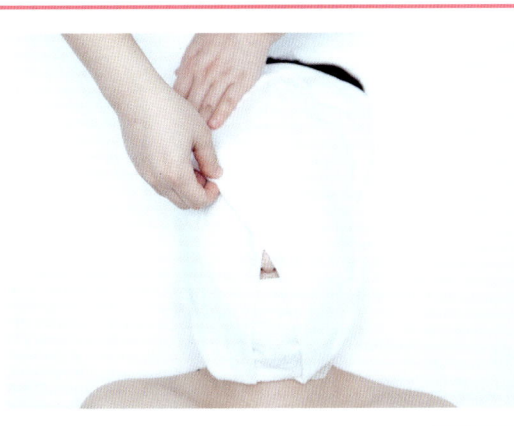

07

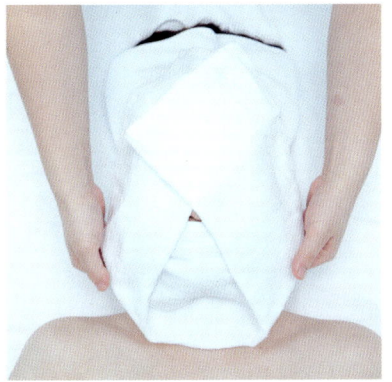 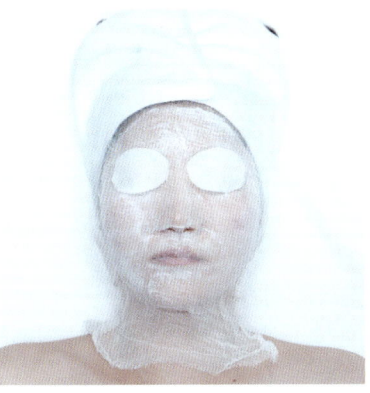

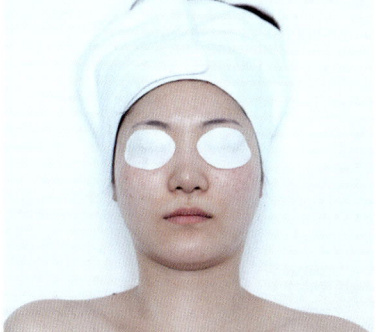

제거하기

올려놓은 온습포 → 거즈 → 화장솜을 순서대로 제거한다.

08

해면으로 마무리하기
해면을 이용하여 잔여물을 제거한다.[1)]

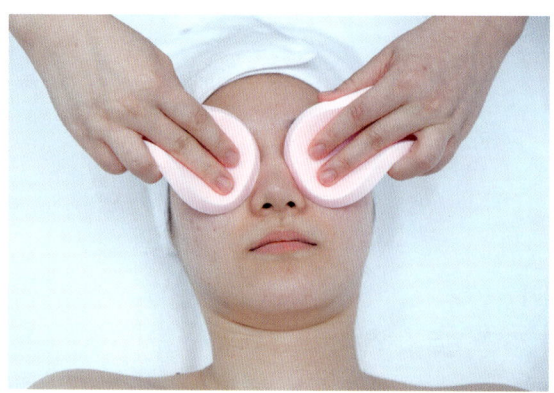

09

온습포로 마무리
온습포를 이용하여 마무리한다.[2)]

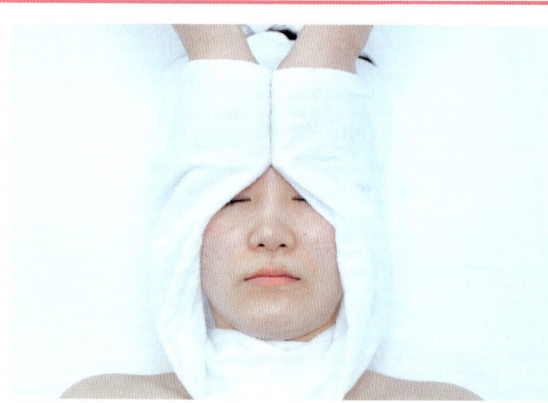

10

토너로 정리하기
토너를 적신 화장솜을 이용하여 피부결을 정돈한다.[3)]

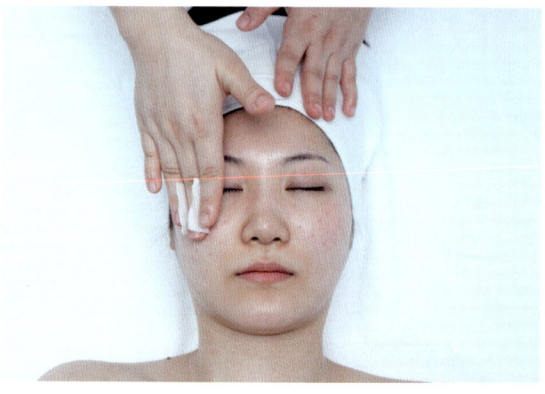

[1)] 해면을 이용한 클렌징 참고(p.66)
[2)] 습포를 이용한 클렌징 참고(p.69)
[3)] 토너(Toner) 정리 참고(p.72)

나. AHA(Alpha Hydroxy Acid)

용도
- AHA는 주로 과일류에서 추출한 성분을 혼합하여 만든 과일산으로 산을 이용하여 피부의 각질 제거의 자연탈락을 유도하는 화학적 방법이다.
- AHA는 제품의 pH의 농도에 따라 피부 자극이 다르게 나타난다.

주의 사항
- 시험장에서는 농도가 약한 액체타입의 제품으로 준비한다.
- AHA 도포 중 제품이 눈에 들어가 점막을 손상할 수 있으므로 반드시 아이패드를 먼저 올려놓은 후 AHA를 도포하도록 한다.
- AHA 사용 시 습포처리는 반드시 냉습포로 마무리하여야 한다.

테크닉순서

01

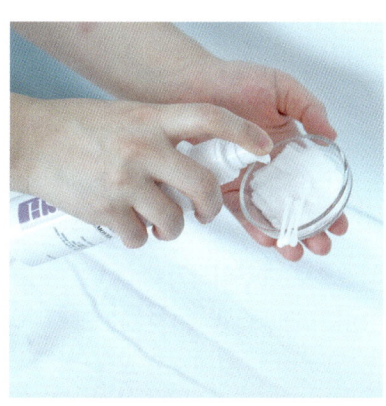
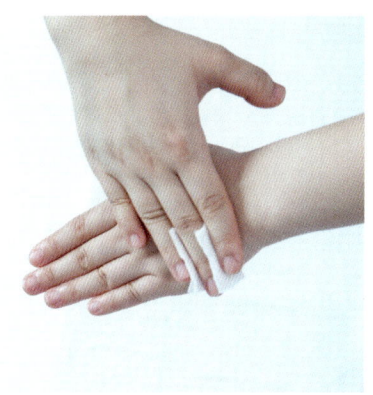
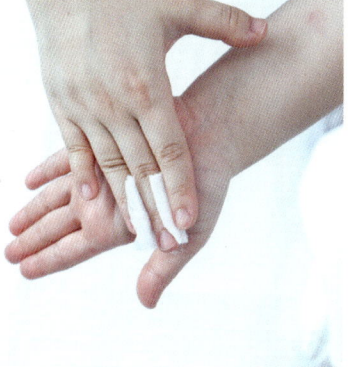

손 소독
알코올을 이용하여 손을 소독한다.

02 재료 준비하기
준비된 유리볼에 적당량의 AHA를 덜어 준비한다.

03 아이패드 올리기
아이패드를 올려 눈을 보호한다.

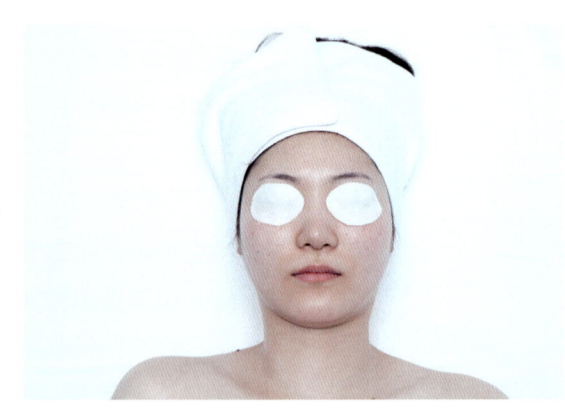

04 제품 도포하기
붓을 이용하여 피지가 많은 T존 부위를 먼저 도포한 후 U존 부위인 볼과 턱 부위를 안에서 밖을 향해 피부결을 따라 골고루 펴 발라 준다.

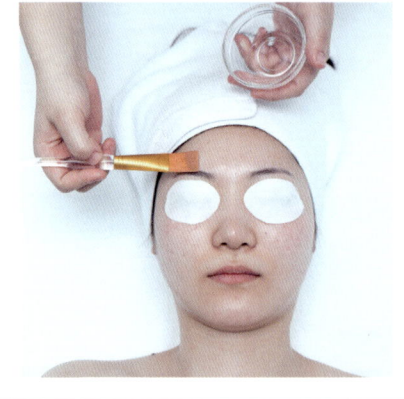 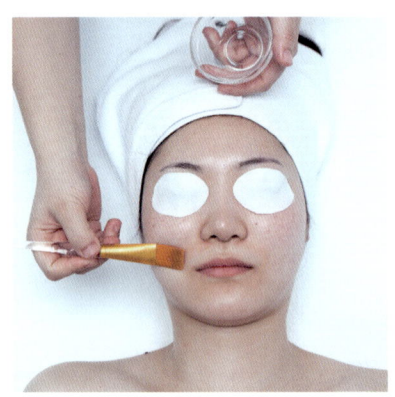

05 해면으로 마무리하기
일정한 시간 동안 방치한 후 아이패드를 제거하고, 해면으로 피부에 손상이 가지 않도록 부드럽게 AHA를 제거한다.

06 냉습포로 마무리하기
냉습포를 이용하여 마무리 한다.

07 토너로 정리하기
토너로 피부를 정돈한다.

다. 고마쥐(Gommage)

용도
- 제품을 피부 위에 도포한 후 살짝 굳었을 때 피부결 방향으로 밀어내어 각질을 제거하는 물리적 방법의 유형이다. 젤타입, 크림타입, 반유액상태의 타입 등이 있으며 노화 및 잔주름 피부에 효과적이다.

주의 사항
- 귀를 감싸서 터번을 정리한 후 모델 얼굴의 양옆에 티슈를 바르게 깔아 셋팅한다.
- 도포량이 너무 많으면 잘 굳지 않아 각질이 쉽게 밀리지 않으므로 도포의 양과 건조 시간에 주의를 기울여야 한다.
- 예민한 피부는 자극이 가지 않도록 부드럽게 작업해야 한다.
- 제품을 밀어낼 때 베드 위에 티슈를 깔아 놓고 작업해야 하며, 눈가나 입으로 들어가지 않도록 얼굴 중앙에서 밖으로 밀어내도록 한다.
- 시험장에서 고마쥐를 밀어내는 작업은 모델의 오른쪽 얼굴만 시행한다. 이때 왼손은 피부를 지지하고 얼굴 중앙에서 바깥쪽을 향해 가볍게 밀어 내도록 한다.

테크닉순서

01

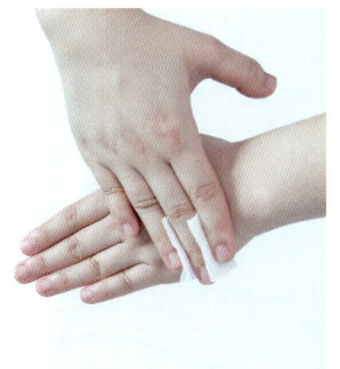 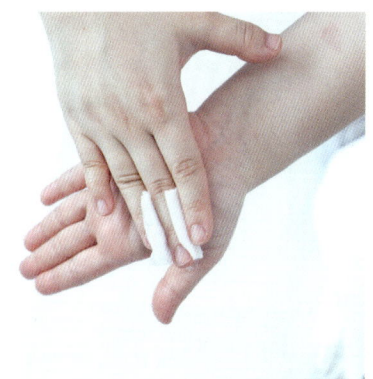

소독하기
알코올을 이용하여 손을 소독한다.

02

터번 감싸기

터번으로 귀를 감싸 넣는다.

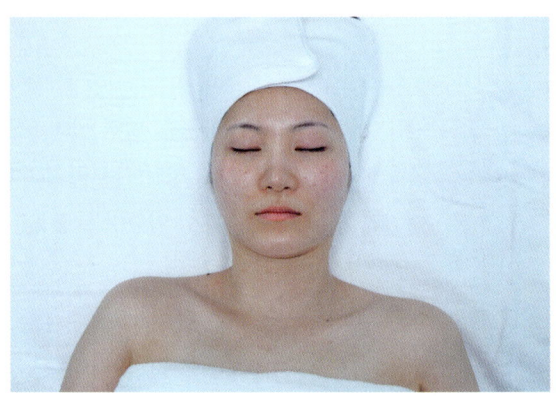

03

티슈 깔기

피술자의 뒷 목 아래 양쪽에 티슈를 깔아 준비한다.

04

제품 준비하기

두 개의 유리볼을 준비한다.
하나의 유리볼에는 고마쥐를 적당량 덜어 준비하고 다른 하나는 약간의 정제수를 준비해 놓는다.

05

고마쥐 도포하기

붓을 이용하여 눈과 입술을 제외한 얼굴 전체에 오른쪽부터 턱 → 볼 → 이마 순으로 왼쪽까지 피부결에 따라 제품을 얇게 펴서 바른다.

06 | 07

아이패드 올리기
아이패드를 올린다.

고마쥐 건조시키기
고마쥐가 마르는 동안 잠시 기다린다.

08

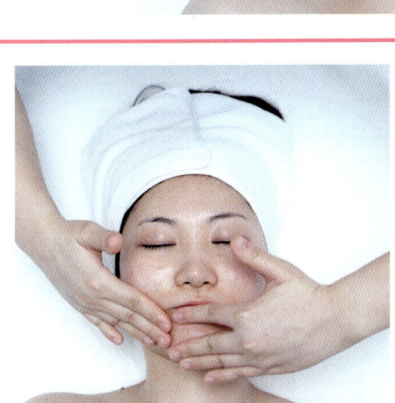

각질 제거하기
시험장에서는 오른쪽 볼의 각질만 제거하도록 한다. 이때 왼손은 검지와 중지를 벌려 피부에 텐션을 준 후 다른 손을 이용하여 얼굴의 중앙에서 바깥쪽을 향해 준비해 놓은 티슈 쪽으로 밀어낸다.

09

티슈와 아이패드 정리하기
깔아 놓은 티슈와 아이패드를 제거한다.

10

물 묻혀 러빙하기
준비해 놓은 정제수를 손가락에 묻혀 얼굴 전체를 러빙한다.

11

해면으로 마무리하기
해면을 이용하여 잔여물을 제거한다.

12

온습포로 마무리하기
온습포를 이용하여 마무리한다.

13

토너로 정리하기
토너를 적신 화장솜을 이용하여 피부결을 정돈한다.

라. 스크럽(Scrub)

용도

- 열매의 씨앗, 게 껍질, 크리스탈 가루 등의 천연물질이나 인공적인 물질의 알갱이를 혼합하여 미세하게 만든 알갱이를 이용하여 피부 표면을 물리적 방법으로 문질러 각질을 제거하는 방법이다. 스크럽은 피지 제거력이 좋고 전체적인 유수분의 균형을 맞춰 준다.
- 크림타입, 젤 타입, 파우더 타입 등이 있으며 피부유형에 따라 도포한 뒤 잠깐 두었다가 부드럽게 러빙하면 각질이 제거가 된다.

주의 사항

- 피부결에 골고루 잘 펴 바를 수 있도록 붓을 15°정도 눕혀 아래턱부터 위를 향해 펴 바른다.
- 강하게 문지르면 피부손상이 있을 수 있으므로 부드럽게 문지르도록 한다.
- 예민한 볼 부위는 부드럽게 문질러야 하며, 눈에 들어가지 않도록 유의해야 한다.
- 손바닥 전체를 이용하여 문지르면 눈이나 눈썹, 헤어라인에 알갱이가 들러붙을 수 있으므로 손가락을 이용하여 문지르도록 한다.
- 스크럽제를 너무 오래 방치하거나 많은 양을 도포했을 경우 피부에 자극이 가지 않도록 정제수를 손에 적셔가며 문지르도록 한다.

테크닉순서

01

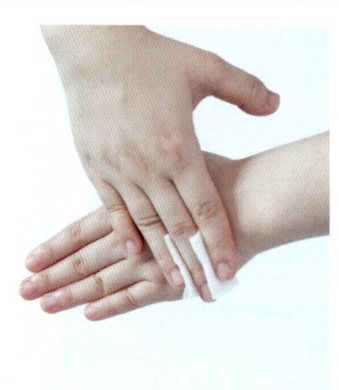 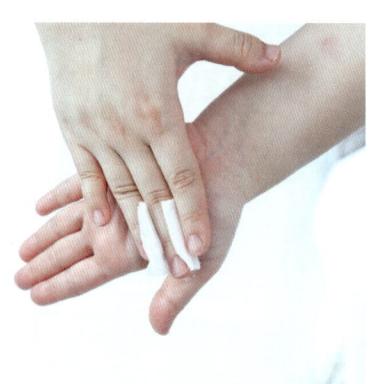

소독하기
알코올을 이용하여 손을 소독한다.

02 스크럽 준비하기
준비된 유리볼에 적당량의 스크럽과 정제수를 덜어 준비한다.

03 스크럽 도포하기
아이패드를 눈에 올려놓은 후, 입술을 제외한 얼굴 전체를 이마 → 볼 → 턱 → 코 순서로 도포한다.

04 러빙하기
손 소독 후 손가락 끝부분을 이용하여 턱에서 귀앞, 입꼬리에서 귀중앙, 코에서 관자놀이, 이마 전체, 콧망울 순서로 가볍게 문지른다.

05 해면으로 마무리하기
젖은 해면을 이용하여 잔여물이 남지 않도록 닦아낸다.

06 온습포로 마무리하기
온습포를 이용하여 마무리한다.

07 토너로 정리하기
토너를 적신 화장솜을 이용하여 피부결을 정돈한다.

다섯째 작업 매뉴얼테크닉(손을 이용한 피부관리)

| 작업소요시간 | 15분 |

■ 미리 알아 두세요

제 1과제 중 손을 이용한 매뉴얼테크닉 단계는 화장품(크림 혹은 오일 타입의 제품)을 데콜테와 얼굴에 도포하고 얼굴의 피부 유형과 부위에 맞도록 적절한 동작을 사용하여 관리한 후 피부를 정돈하는 과정이다.

매뉴얼테크닉 단계는 1과제의 전체 부여된 시간 중 15분간 시행되는 과정으로, 얼굴의 피부 상태와 부위에 맞게 5가지의 기본동작을 이용하여 시행해야 한다.

특히 일부 수험자는 기본 동작 5가지 중 자신 있는 동작만을 지나치게 반복하는 사례가 있는데 반드시 5가지의 동작이 골고루 시행되도록 유의해야 한다. 또한 매뉴얼테크닉 시 손바닥을 제외한 손등의 관절이나 팔꿈치를 이용하거나 엄지로 과도하게 압을 주는 행위는 안마법에 위배되는 사항으로 절대 삼가야 한다.

■ 검정원의 요구사항

화장품을 관리 부위에 도포하고, 적절한 동작을 사용하여 관리한 후 피부를 정돈한다.

목적

화장품을 피부에 적당량을 도포한 후 손바닥을 이용하여 제시된 기본동작 5가지를 적절하게 적용함으로써 피부와 피하조직의 혈행을 촉진하여 혈액 및 림프 순환을 원활하게 만들어 뭉친 근육을 풀어주고 화장품의 유효성분 흡수를 도와 더욱 건강한 피부와 신체를 유지하도록 도와주는 관리 과정이다.

준비물   크림 또는 오일, 해면, 티슈, 온습포, 토너, 유리볼, 스파튤라

시술 순서   크림 또는 오일 도포 → 매뉴얼테크닉 → 티슈와 해면을 이용해 크림 제거 → 온습포 마무리 → 토너 정리

구분	시간	내용	분배시간	준비물
매뉴얼 테크닉	15분	손 소독하고 제품 덜어 담기	약 1분	알코올 솜, 유리볼, 스파튤라
		데콜테 및 매뉴얼 테크닉 시행	약 9분	매뉴얼 테크닉을 위한 크림 및 오일제품
		티슈, 해면, 온습포 사용	약 3분	티슈, 해면, 온습포 1장
		토너, 터번 정리	약 2분	토너, 화장솜

시술 전 준비 사항

① 매뉴얼 테크닉 중 데콜테 관리를 시행할 때 크림이나 오일이 타월에 묻지 않도록 타월을 가슴의 적당한 부위까지 가지런하게 접어놓는다.
② 손 소독하기 : 손 전체에 알코올 스프레이 또는 알콜솜을 이용하여 수검자의 손을 소독한다.
③ 터번착용하기: 모델에게 터번을 씌운다.
   ※ 터번을 착용하기 전에 반드시 손 소독이 먼저 이루어져야 한다.

주의 사항

① 매뉴얼테크닉을 시행할 때 너무 많은 양의 화장품을 사용하여 손동작이 미끄러지거나 동작간의 연결성이 끊기는 일이 없도록 유의해야 한다.
② 매뉴얼테크닉 시 제품이 눈이나 코, 입에 들어가지 않도록 좁은 부위에서는 조심스럽게 동작을 시행해야 한다.
③ 매뉴얼테크닉 시 터번을 잘 감아 머리카락이 빠져 나오거나, 머리카락에 제품이 묻는 일이 없도록 주의해야 한다.

④ 5가지의 기본동작이 골고루 시행되어야 한다.
⑤ 테크닉 동작은 근육의 결, 피부의 결 방향으로 한다.
⑥ 테크닉 동작 시 가벼운 밀착감이 느껴지도록 시행한다.
⑦ 테크닉 동작 시 너무 빠르거나 느리지 않도록 속도조절에 유의해야 한다.
⑧ 5가지 동작에 따라 적당한 강약의 조절과 함께 리듬감 있고 연결성이 자연스럽게 이루어져야 한다.

실전테크닉

테크닉을 시행할 때 긴장감으로 인해 손목이나 어깨에 너무 힘을 주면 테크닉이 부자연스럽고 리듬감과 안정감이 없어 보일 수 있으므로 수험자는 마음을 편히 하고 숨을 깊게 내쉬어 긴장을 풀어주도록 한다.

준비

01

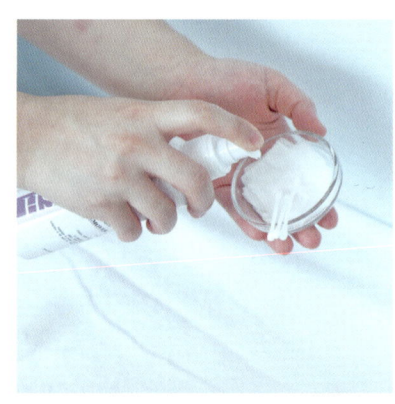

제품 준비하기
유리볼에 적당량의 크림이나 오일을 준비한다.

02

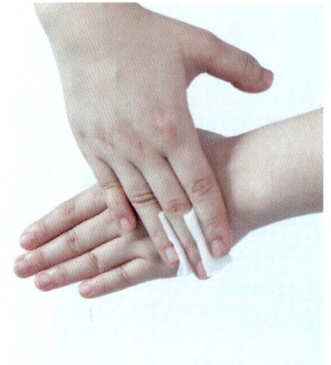 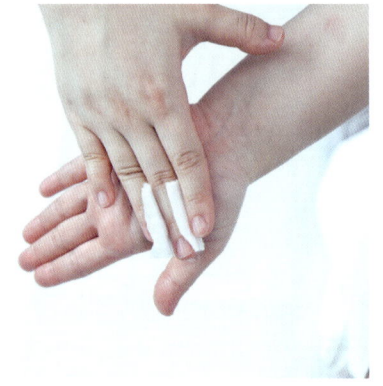

소독하기
알코올이나 알코올을 적신 화장솜으로 손 소독을 한다.

데콜테와 목

03

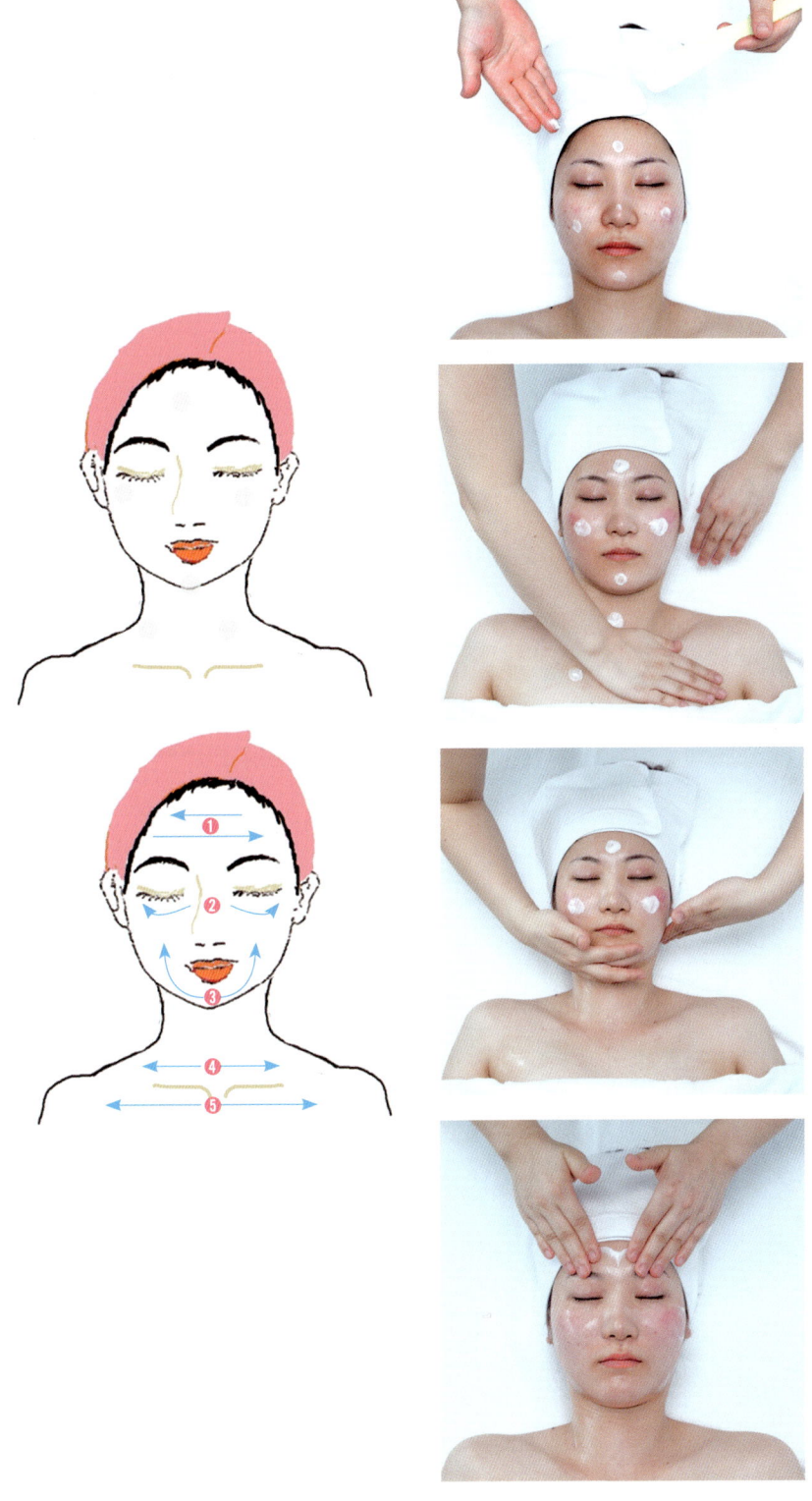

크림도포하기

크림이나 오일을 적당량 손에 덜어 이마 → 양볼 → 코 → 턱 → 데콜테 순으로 부위마다 소량씩 묻혀 놓은 후 시술자의 손을 이용하여 데콜테 목 얼굴 순으로 신속하게 도포한 후 쓰다듬기를한다.

04

 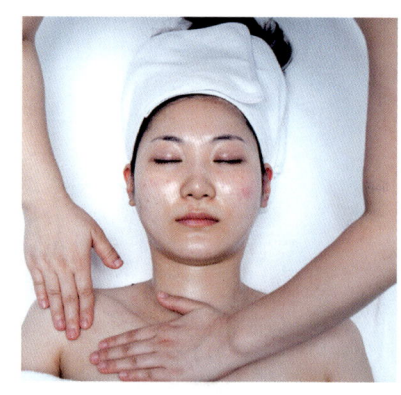

데콜테 쓰다듬기

양손 바닥을 이용하여 한손씩 교대로 어깨 끝 지점까지 가볍게 밀착하여 동작이 끊기지 않도록 주의하며 쓰다듬기를 한다.

05

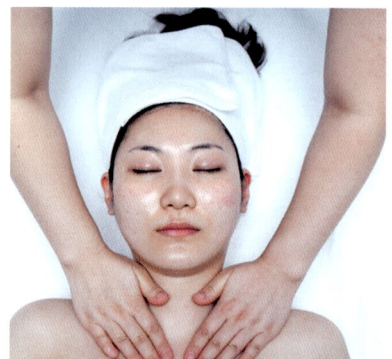

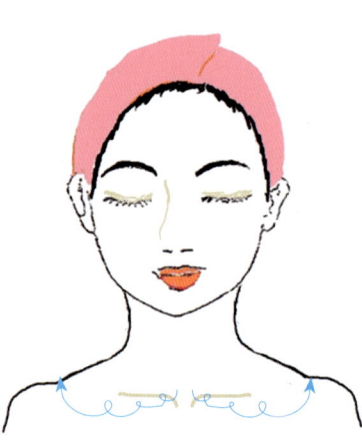

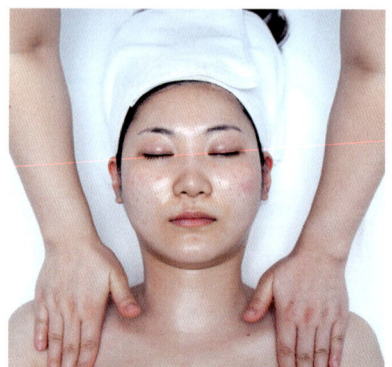

데콜테 문지르기

손가락 전체를 데콜테부위 대고 밀착시켜 나선형으로 중앙에서 밖을 향해 문질러 준다.

06

쇄골 문지르기

쇄골을 중심으로 위, 아래에 손가락을 벌려 중앙에서 바깥쪽을 향해 한손씩 교대로 문질러 준다.

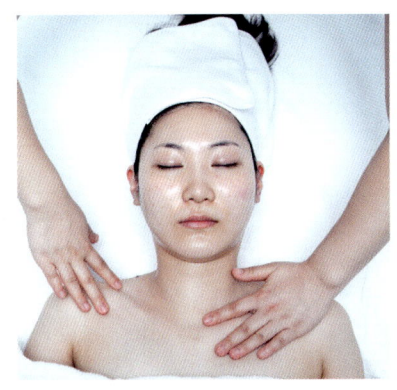

07

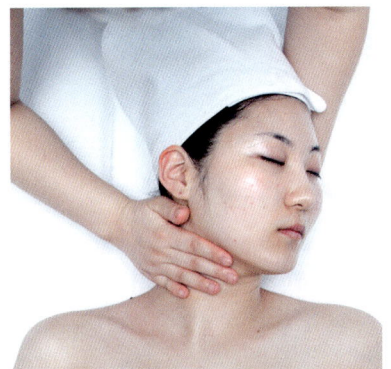

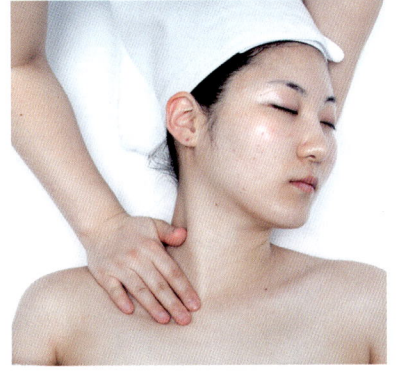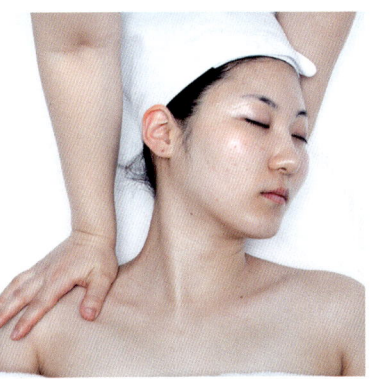

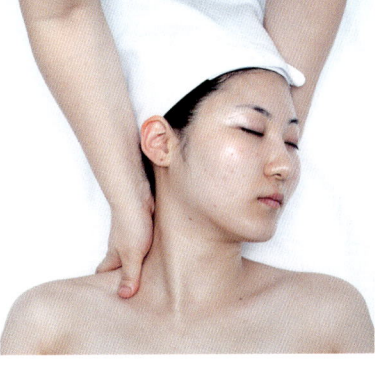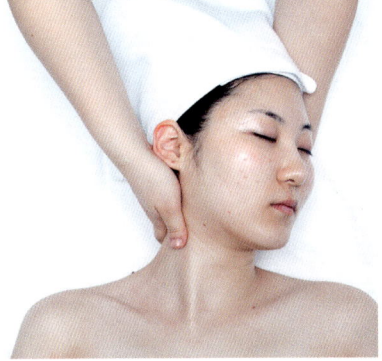

목 쓰다듬기

모델의 목을 옆으로 돌려 놓은 후 한손은 머리를 받혀 주고 다른 한손은 귀 뒷면에서 목의 옆선을 타고 어깨 가장자리까지 가서 다시 귀 뒤로 이어지는 동작을 손바닥을 이용하여 가볍게 쓰다듬어 가며 반복한다. 반대쪽도 같은 방법을 시행한다.

08

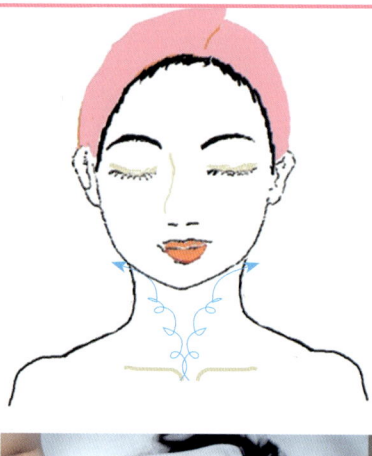

목과 데콜테 쓰다듬기
손가락 네 개를 붙여 귀 뒤에서 데콜테 중앙까지 나선형을 그리며 쓰다듬기를 3회 반복한 후 어깨를 감싸 귀 뒤로 이동한다.

09

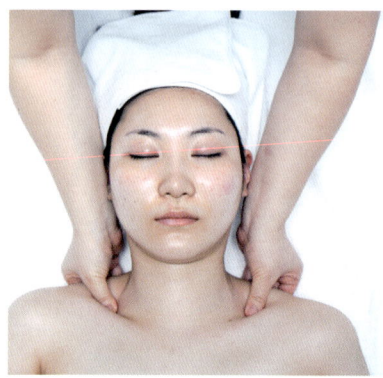
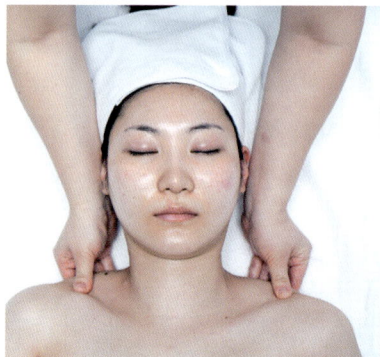

어깨 주무르기
양손의 엄지와 사지를 이용하여 목과 어깨로 이어지는 부위를 가볍게 주무르기를 시행한다.

10

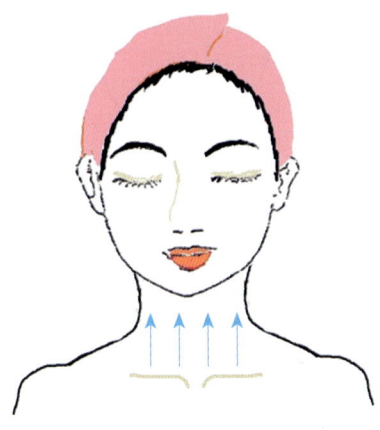

목 쓸어 올리기

손바닥 전체를 이용하여 데콜테 중앙에서 턱을 향해 좌, 우로 나누어 쓸어 올려 준다.

11

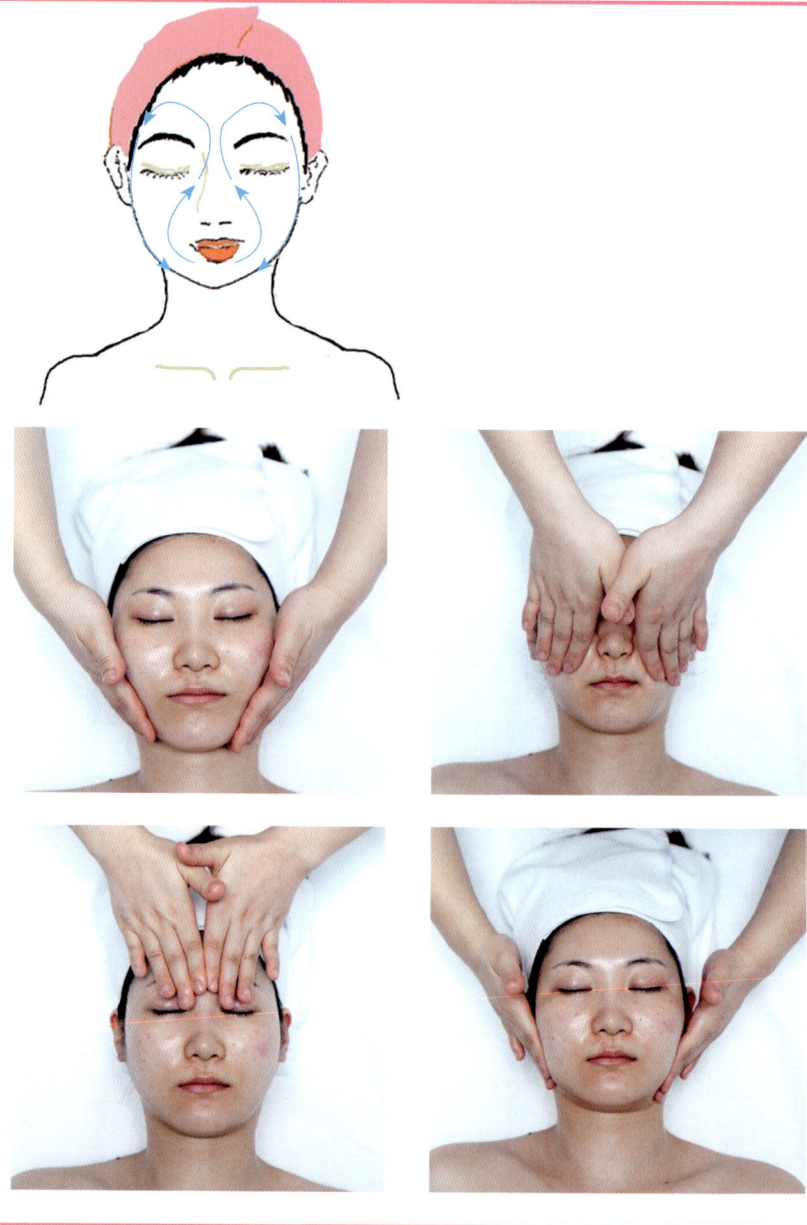

중간쓸기

다음 연결 동작을 위해 얼굴 전체를 턱에서 이마를 향해 올라 간 다음 귀쪽을 타고 내려오기를 3회 반복하여 쓸어준다.

턱부위

12

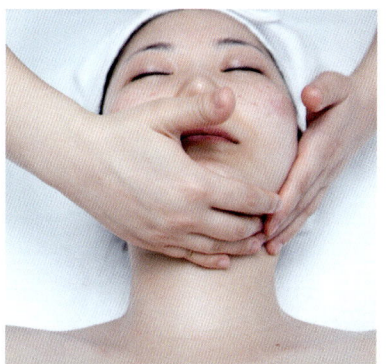
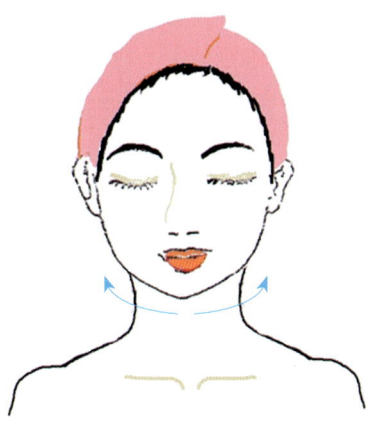
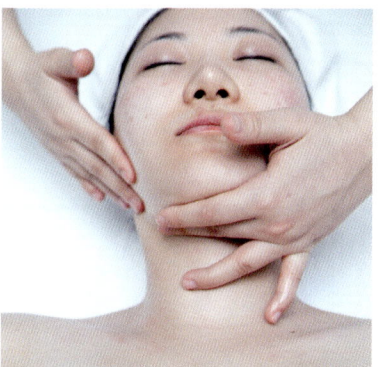

턱 아래면 쓸어주기

아래턱 부위의 면을 한손씩 교차시켜 가며 턱 중앙에서 턱 끝까지 감싸 쓰다듬어 준다.

13

턱선 쓸어주기

턱밑과 턱선을 손가락을 벌려 감싼 뒤 턱 끝에서 반대쪽 턱 끝까지 연결하여 문지르기를 한다.

14

턱선 주무르기

엄지와 검지를 이용하여 턱중앙에서 턱끝까지 주물러주기를 한다.

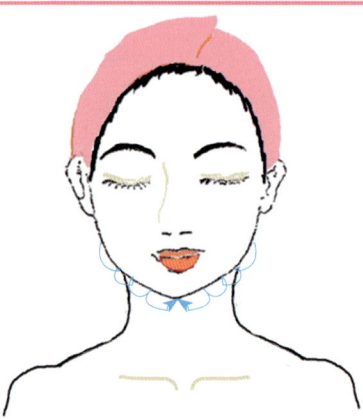
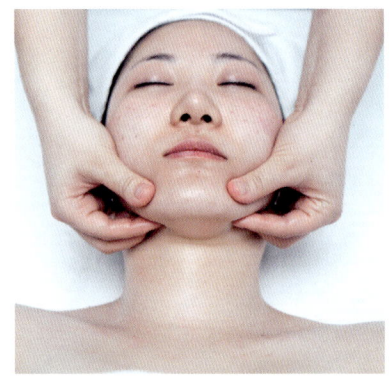

15

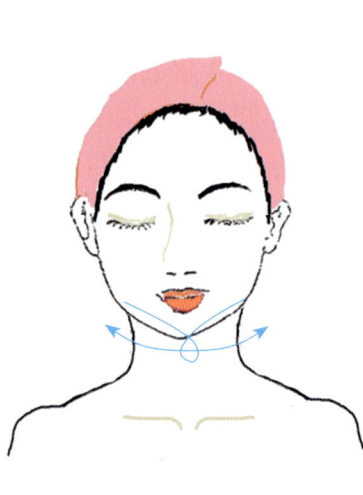

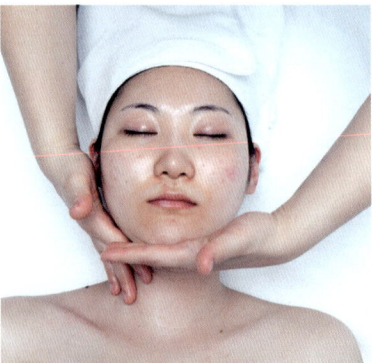

턱 쓰다듬기

턱선 전체를 쓰다듬어 준다.

입술 부위

16 | 17

입술 한바퀴 돌려 쓸어주기

손바닥을 볼에 붙여 놓은 후 아랫입술이 있는 곳은 손가락을 모아 입술가장자리로 향해 쓰다듬고 가다가 윗입술에서는 2, 3지를 벌려 가볍게 쓰다듬은 후 원래의 가장자리로 돌아온다.

손을 바꾸어 동작을 반복한다.

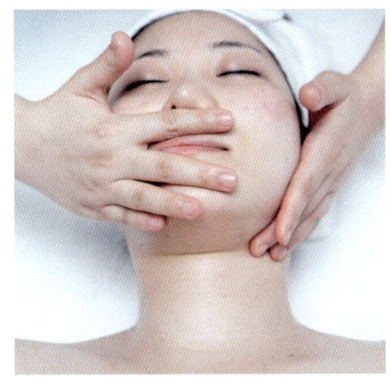

18

입가주름 펴주기

입가 주름을 아래에서 위로 나선을 그리며 문질러 입가의 주름이 펴지도록 한다.

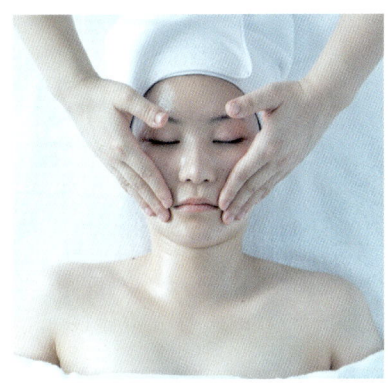

19

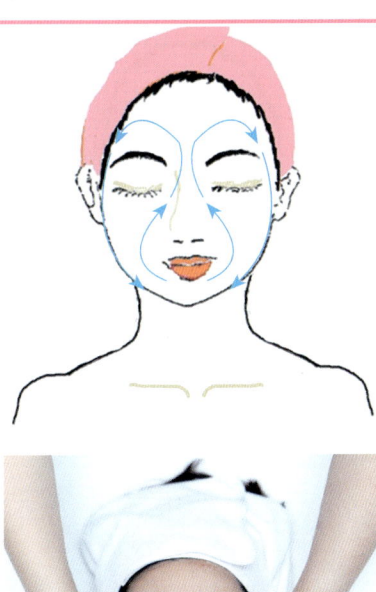
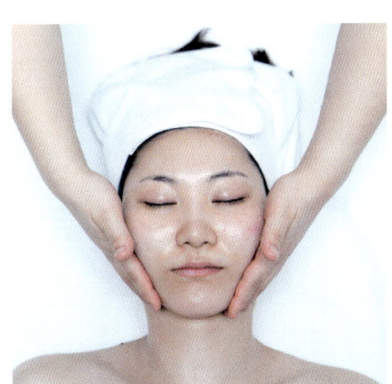
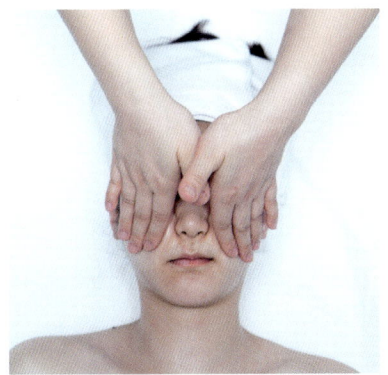

103

중간 쓸기

다음 연결 동작을 위해 양손을 바짝 밀착시켜 얼굴 전체를 턱에서 코벽을 타고 이마를 향해 올라 간 다음 귀쪽을 타고 내려와 턱에서 만나기를 2~3회 반복하여 쓸어준다.

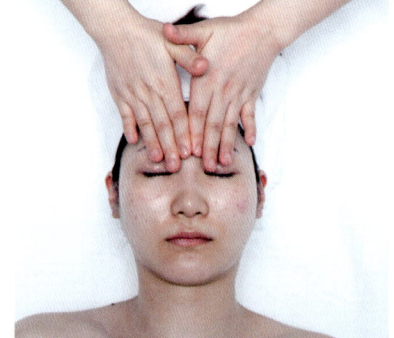 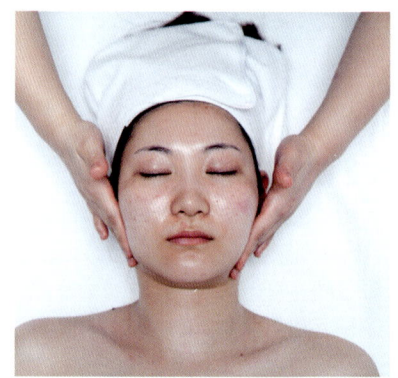

볼 부위

20

볼 나선형3셋트 문지르기

19번과 연결하여
아래턱 → 귀의 하단부위,
입꼬리 → 귀 구멍 앞,
콧망울 옆 → 관자놀이까지 나선형을 그리며 문지른다.

21

볼 손바닥 진동해주기

양손의 손가락과 손바닥면을 이용하여 서로 교차해 가며 한쪽면씩 볼을 번갈아 가며 진동하여 준다.

22

볼 손가락 진동해주기

양손가락을 턱선 끝에 부착시켜 놓은 후 손가락 전체를 이용하여 부채살 펴듯이 진동하여 준다.

23

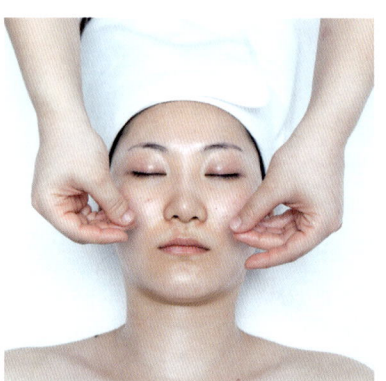

양볼 꼬집어 튕겨주기
엄지와 네손가락 끝을 이용하여 피부 표면을
가볍게 꼬집어 튕겨준다.

24

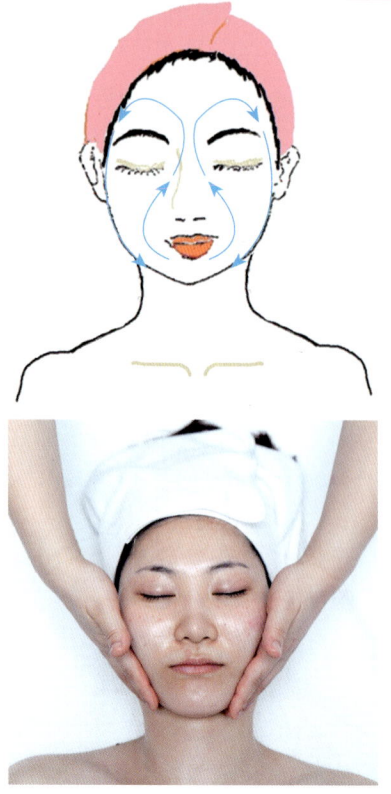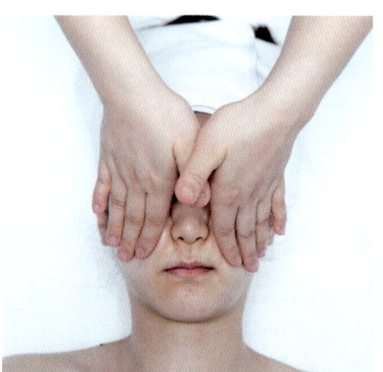

중간 쓸기

다음 연결 동작을 위해 양손을 바짝 밀착시켜 얼굴 전체를 턱에서 코벽을 타고 이마를 향해 올라 간 다음 귀쪽을 타고 내려와 턱에서 만나기를 2~3회 반복하여 쓸어준다.

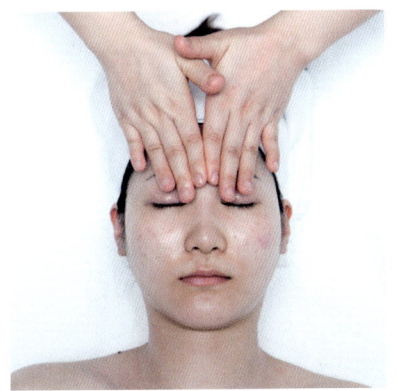

 25

콧망울 쓸어주기

24번과 연결하여 콧망울 옆주변을 2, 3지를 이용하여 문지른다.

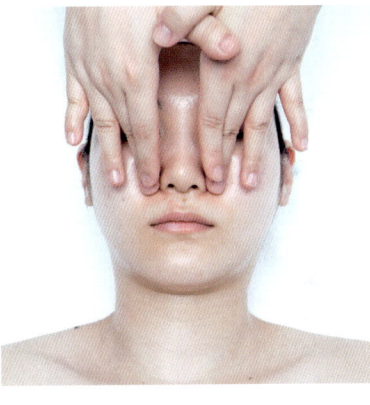

26

코벽 쓸어주기

25번 콧망울 쓸어주기과 연결하여 코벽과 콧등까지 위 아래로 문지르기를 반복한다.

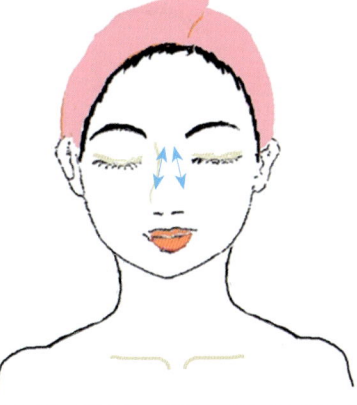
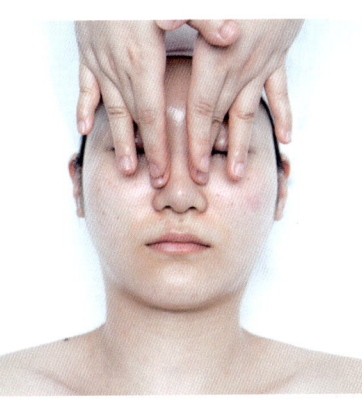

27

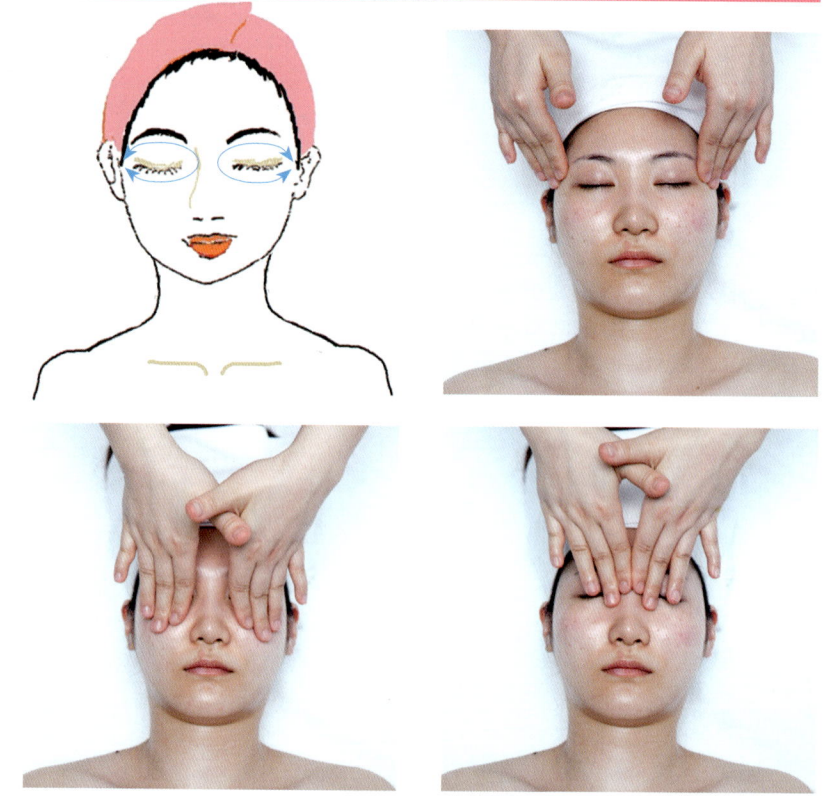

눈 주위 쓸어주기

눈 주위 전체를 부드럽게 쓰다듬어 준다.

28

관자놀이 8자 문지르기

양손의 3, 4지를 관자놀이 부위에 밀착시켜 놓은 후 작은 8자 모양으로 문질러 쓸어준다.

29

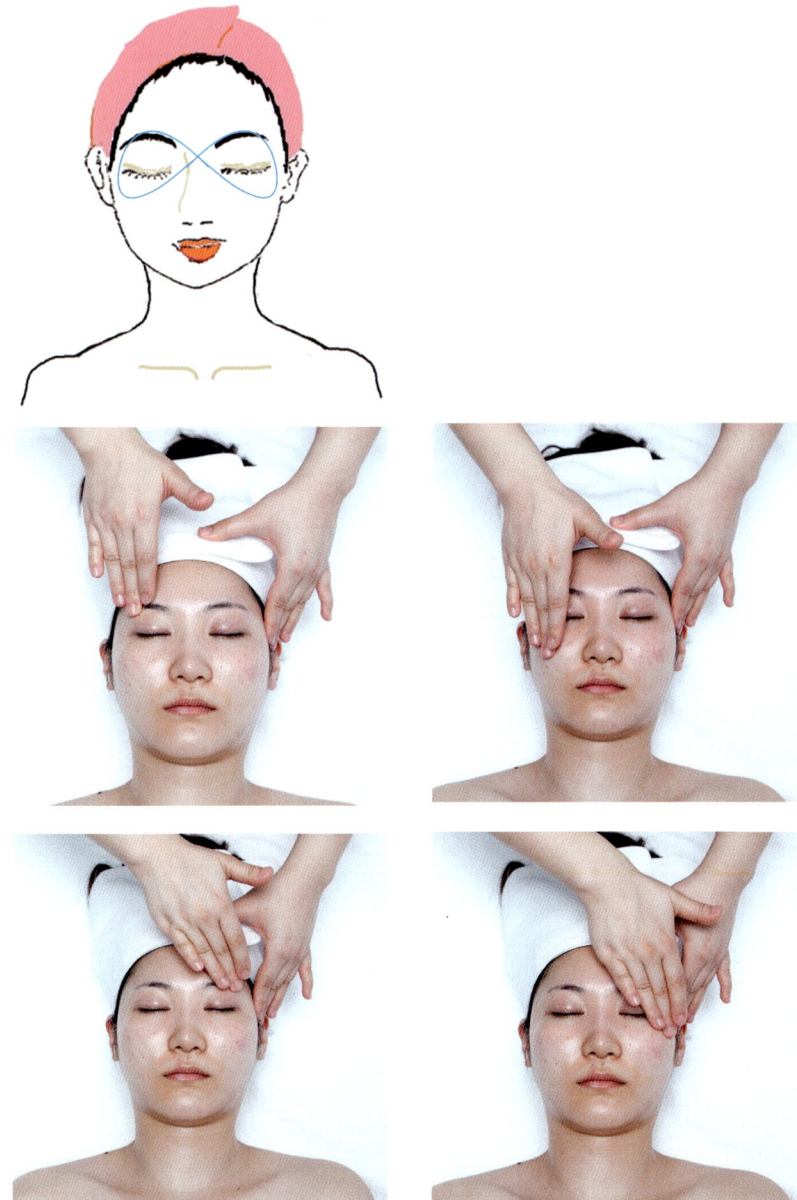

양쪽 눈 ∞자 쓸어주기

1~4지의 손가락의 면을 이용하여 양쪽 눈과 눈 사이를 ∞자 모양으로 쓰다듬어 준다.

한쪽 손은 머리가 움직이지 않도록 관자뼈와 관자놀이 부분에 살며시 고정시켜 올려 놓은 후 다른 한손은 눈 가장자리를 반대쪽 눈 가장자리에서부터 ∞자 모양을 이루며 가볍게 쓰다듬어 준다.

양손을 겹쳐 ∞모양의 쓰다듬기도 무방하다.

30

눈가 두드리기

손가락 끝을 이용하여 눈주위 전체를 가볍게
두드리며 진동한다.
양볼과 턱끝까지 두드리기를 하여도 무방
하다.

31

중간 쓸기

다음 연결 동작을 위해 양손을 바작 밀착시켜 얼굴 전체를 턱에서 코벽을 타고 이마를 향해 올라 간 다음 귀쪽을 타고 내려와 턱에서 만나기를 2~3회 반복하여 쓸어준다.

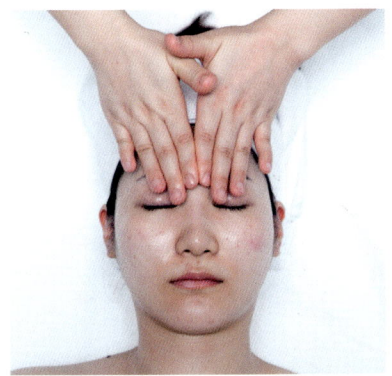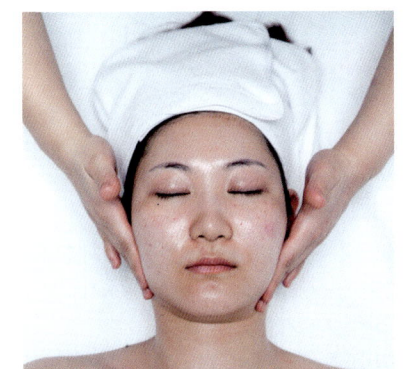

이마 부위

32

이마 교차 쓰다듬기

중간 쓸기와 연결하여 이마 전체를 손바닥으로 감싸 양손을 교차하면서 좌우 가로방향으로 가볍게 밀착시켜 쓰다듬기를 한다.

33

미간 주름 펴주기

미간 주름이 있는 자리에 한손은 2, 3지를 벌려 피부에 텐션을 주고 다른 한손은 3, 4지로 둥글리듯 문지르기 한다.
아주작은 '8'모양으로 문질러 피부를 펴준다.

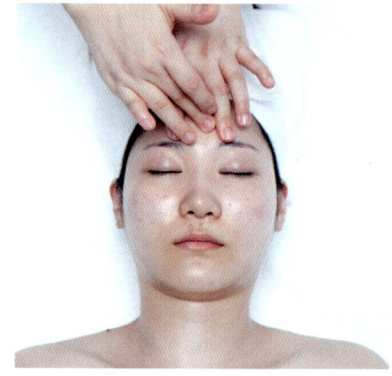

34

이마 쓸어주기

손바닥 전체면을 밀착하여 한손씩 교차시켜 가며 이마 전체를 눈에서 헤어라인을 향해 수직 방향으로 쓰다듬어 준다.

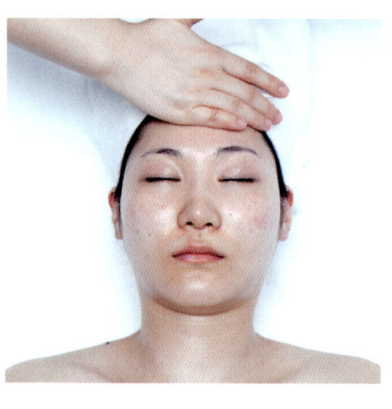

35

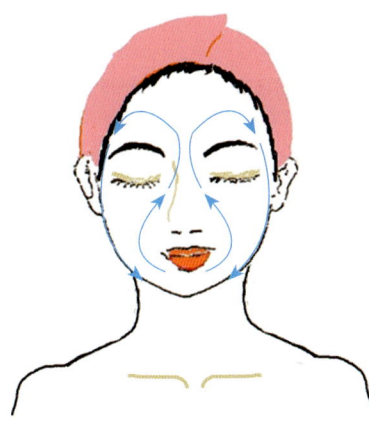

마무리 쓸어주기
중간 쓸기를 한후 얼굴 전체를 감싸 위 아래 교차하여 큰 8자를 그리듯이 밀착시켜 쓰다듬은 뒤 목 옆선으로 손을 빼어 마무리 한다.

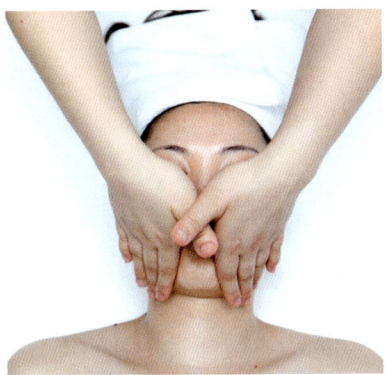 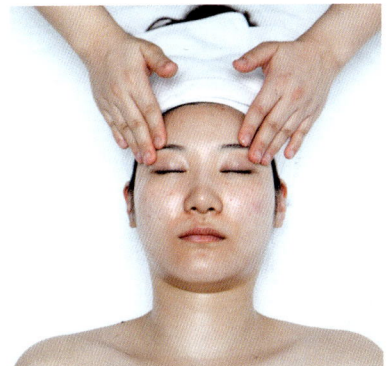

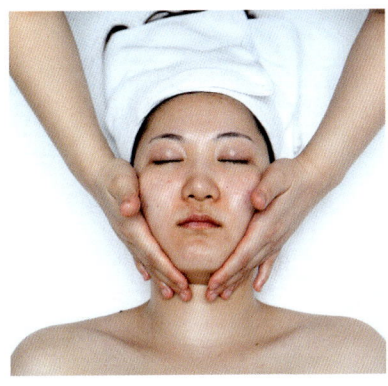 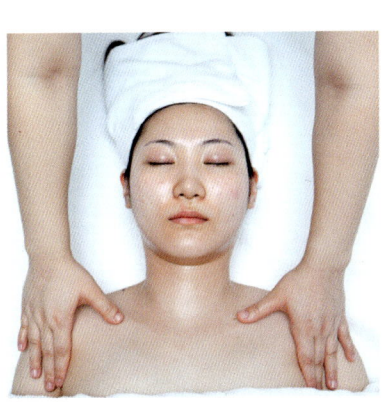

여섯째 작업 팩 (PACK)

| 작업소요시간 | 10분 |

■ 미리 알아 두세요

팩 단계는 제시된 피부 타입에 적합한 제품을 선택하여 관리 부위에 적당량을 도포하고, 일정시간이 지난 뒤 도포한 팩을 제거하고 피부를 정돈하는 과정이다.

팩의 단계는 1과제의 전체 부여된 시간 중 10분간 시행되어야 하며, 도포할 때 팩제의 양과 두께감이 적당하도록 해야 한다. 또한 팩을 제거할 때는 팩의 잔여물이 남아있지 않도록 유의하여서 시행해야 한다.

팩의 종류로는 크림, 겔, 분말, 무스, 클레이 등의 다양한 형태들의 팩이 있으나 시험장에서는 피부 타입에 따른 크림팩 3종류(건성, 중성, 정상피부)만 사용하는 것이 특징적이다. 그러나 피부색이 보이는 투명한 팩제는 사용할 수 없도록 규정되어 있으니 유의하도록 한다. 팩을 도포할 때는 근육의 결에 따라 피부가 보이지 않도록 균등하게 고루 펴 발라야 하며 팩을 너무 두껍게 바르면 해면을 사용할 때 손이나 모델의 머리카락 등에 묻어 제거하는 시간이 길어져 다른 작업에 지장을 초래할 수 있으므로 유의하도록 한다.

■ 검정원의 요구사항

팩을 위한 기본 전처리를 실시한 후, 제시된 피부타입에 적합한 제품을 선택하여 관리부위에 적당량을 도포하고, 일정시간 경과한 뒤 팩을 제거한 다음 피부를 정돈한 후 최종 마무리와 주변 정리를 한다.

팩의 목적

팩제를 이용하여 팩이 지닌 유효성분을 피부에 공급하여 피부의 보습력을 제공하고 모세혈관 수축 등의 효과를 보기 위함이다.

※ 팩의 특징: 팩은 차단막이 형성되지 않는 크림, 겔, 분말, 무스, 클레이 등과 같은 재료들을 이용하여 열, 수분, 이산화탄소의 통과가 용이하다.

팩의 순서와 시간

크림팩 준비하기 → 손 소독 → 아이크림, 영양크림 → 팩 도포 → 닦아내기(해면, 냉습포) → 토너 정리 → 에센스 및 영양크림 마무리

구분	시험시간	내용	분배시간	준비물
팩	10분	손 소독 및 제품 덜기	약 1분	알코올 솜, 스파튤라, 유리볼, 팩
		아이, 립크림 도포, 팩 도포,	약 5분	아이&립크림, 아이패드,
		해면, 냉습포, 토너 및 터번 풀어 마무리	약 4분	해면 4장, 냉습포1장, 화장솜, 화장수

시술 전 준비

준비물 : 피부 타입별 크림팩 3종류(건성, 지성, 중성용), 해면, 습포, 냉습포, 유리볼, 팩붓, 토너

가. 목의 주름이 펴질 수 있도록 뒷목덜미에 작은 타월을 둥글게 말아 편하게 대어 준다.
나. 모발에 크림이 묻지 않도록 머리의 터번에 티슈를 잘 감싸준다.

주의 사항

① 팩을 도포 시 얼굴 가장자리와 얼굴 전체에 피부가 보이지 않도록 깔끔하게 펴 바르도록 한다.
② 팩붓을 이용할 때 피부결에 맞춰 붓결의 방향이 일정하고 고르게 연결되어야 한다.
③ 턱 밑 부위를 바를 때는 빈 공간이 생기지 않도록 팩붓을 비스듬히 높혀 세심하게 펴 바른다.
④ 목 부위와 데콜테 부위를 도포할 때 쇄골 밑으로 3cm 이상 도포되어야 한다.
⑤ 특히 눈썹과 헤어라인, 터번에 팩제가 묻지 않도록 유의해야 한다.
⑥ 제시된 팩제는 시험장에 따라 베드 위 모델의 오른쪽에 올려놓은 후 감독관의 확인을 받는다.

실전테크닉

01

제품 준비하기

관리계획표 차트 작성 시 지정받은 피부 타입에 맞게 크림팩을 적당량 덜어 유리볼에 담아 둔다.

02

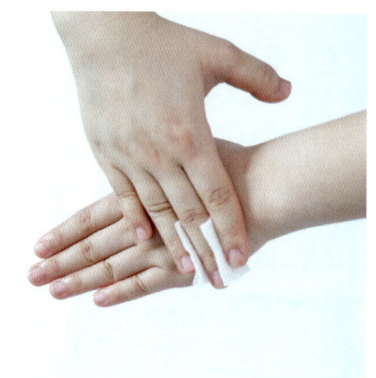 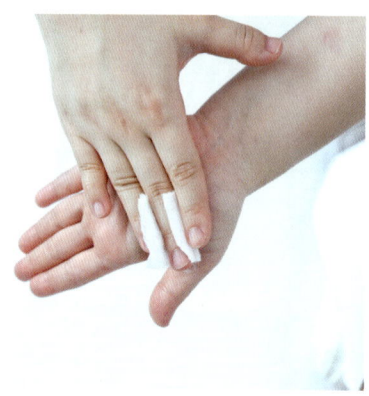

소독하기

알코올이나 알코올을 적신 화장솜으로 손 소독을 한다.

03

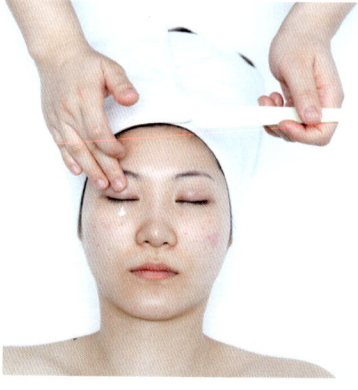 

아이크림, 립크림 바르기

아이크림과 립크림을 스파튤라 또는 면봉을 이용하여 도포한다.

04

팩 도포하기

팩을 도포할 때는 부위별로 2~4등분하여 피부결에 따라 일정한 두께로 도포하도록 한다.
쇄골 밑 3cm까지 도포한다.

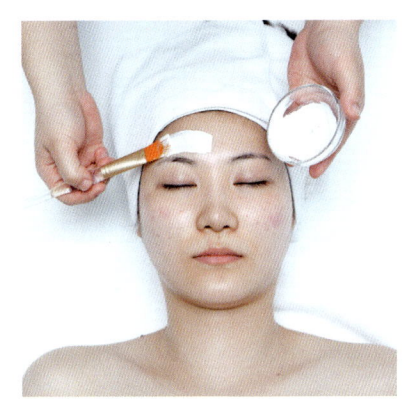 

05

해면으로 마무리하기(팩 제거)

해면으로 피부손상이 가지 않도록 부드럽게 닦아낸다. 이때 해면은 4장 사용이 가능하다.

06

냉습포로 마무리하기

냉습포로 마무리한다.

07

토너로 정리하기

토너로 피부결을 정리한다.

일곱째 작업 **마스크 및 마무리**

작업소요시간	20분

■ 미리 알아 두세요

제1과제 중 마스크는 팩과는 달리 외부와의 공기를 차단시켜 모공의 확장이나 피부온도를 상승시켜 혈액순환을 돕는 과정이다.

마스크의 종류로는 여러 가지가 있으나 시험장에서는 고무마스크와 석고마스크 두가지 중 제시한 제품을 적용해야 한다.

마스크의 단계는 1과제의 전체 부여된 시간 중 20분간 시행되는 과정으로 여러 단계의 작업들이 시행되어야 하므로 평소 연습을 많이 해 두는 것이 중요하다.

마스크는 물을 사용하여 분말을 반죽하여야 하므로 적당한 배합의 비율이 잘 이루어져야 한다. 특히 마스크과정에서는 물과 가루의 비율이 중요하다. 너무 묽어 마스크제가 베드나 터번으로 흘러내리는 일이 없도록 평소에 많은 연습이 필요하다.

또한 마스크 작업을 할 때 너무 적은 양으로 작업을 하여 마스크의 두께가 얇으면 제거 시 부숴지거나 찢어지는 경우가 발생하며, 반면 너무 많은 양의 제품을 사용하면 빨리 굳지 않아 마스크 제거 시 잔여물이 많이 떨어져 제거하는데 시간을 허비하게 되고 다른 작업에도 좋지 않은 영향을 미칠 수 있으므로 적당한 두께와 신속한 처리 능력이 요구되는 과정이다.

■ 검정원의 요구사항

시험장에서 지정하는 마스크로 매뉴얼테크닉 단계 후 적용한다. 얼굴에서 목의 경계면인 턱밑 1cm까지 도포한다. 코와 입은 숨을 잘 쉴 수 있도록 유의하여 도포한다.

1. 마스크

목적
마스크는 팩과 달리 외부와의 공기를 차단하여 막을 형성하기 때문에 제품의 유형에 따라 모공과 모낭의 확장, 피부온도 상승을 유도하여 혈액순환과 신진대사를 촉진시켜주기 위함이다.

준비물
고무마스크, 석고마스크(시험장에서 지정되는 마스크 적용), 석고 베이스 크림, 고무볼, 정제수, 스파튤라, 아이크림. 영양크림, 미용솜, 거즈, 해면, 습포, 토너, 마무리 크림

작업순서
① 고무 마스크: 고무 마스크의 분말과 물, 스파튤라 준비 → 손 소독 → 립 앤 아이크림 바르기 → 고무마스크 적용 → 일정시간 경과 후 고무마스크 제거 → 닦아내기 → 토너정리하기 → 마무리하기
② 석고마스크: 석고마스크 분말과 물, 스파튤라 → 손 소독 → 아이크림과 립크림 바르기 → 석고베이스크림 바르기 → 아이패드, 거즈 올리기 → 석고마스크 적용 → 일정시간 경과 후 석고마스크 제거 → 닦아내기 → 토너정리하기 → 마무리하기

구분	시험시간	내용	분배시간	준비물
마스크	20분	손소독 및 제품 덜기	약 1분	알코올솜, 스파튤라, 유리볼, 팩
		아이, 립크림 도포, 석고베이스크림 바르기, 아이패드, 거즈, 팩 도포,	약 5분	아이&립크림, 아이패드
		대기시간/ 정리	약 9분	해면2장, 냉습포1장 화장솜, 토너
		마무리(해면, 습포, 토너)	약 3분	해면2장, 냉습포1장 화장솜, 토너
		영양크림 마무리	약2분	아이크림&립크림, 에센스, 영양크림

시술 전 준비 사항

① 목의 주름이 펴질 수 있도록 뒷목덜미에 작은 타월을 둥글게 말아 편하게 대어 준다.
② 모발에 크림이나 석고가 묻지 않도록 머리의 터번에 티슈를 잘 감싸준다.

주의 사항

① 파우더는 볼에 담아 가루가 뭉치지 않도록 약간 흔들어 준비한다.
② 눈 부위에 거즈나 아이패드를 조금 넓고 두껍게 만들어 덮어 눈과 입으로 마스크제가 들어가지 않도록 유의해야 한다.
③ 눈썹이나 모발, 터번 등에 마스크제가 들러붙어 제거가 어려워 시간을 초과하는 일이 없도록 유의한다.
④ 도포 후 티슈는 사용할 수 없으므로 마스크가 흘러내리지 않도록 물과 분말의 비율을 잘 맞추도록 한다.
⑤ 마스크를 제거한 후에는 반드시 냉습포를 사용하여야 한다.
 ※ 마스크의 종류가 검정원에서 제시한 것과 다르면 0점 처리된다.

실전테크닉 고무마스크

01

준비하기

고무볼에 고무마스크 분말을 준비하고 물과 스파튤라를 준비한다.

02

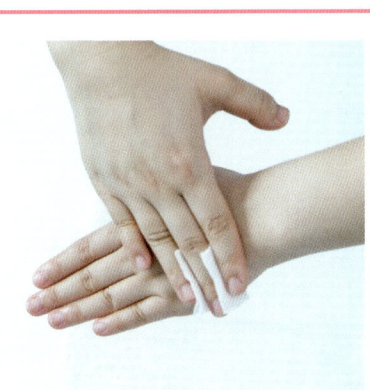
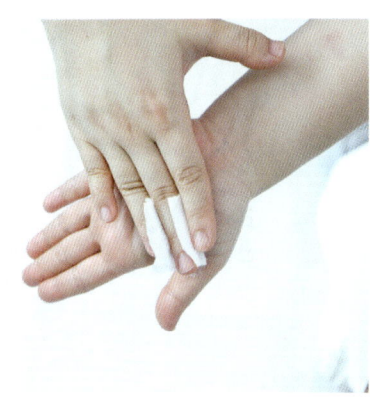

소독하기

알코올을 묻힌 화장솜을 이용하여 손을 소독한다.

03

아이크림, 립크림 바르기

아이크림과 립크림을 눈과 입술에 적당량 바른다.

04

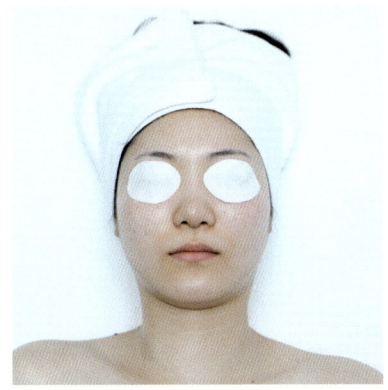

아이패드 올리기

아이패드를 눈에 올려준다.

121

05

반죽하기

고무볼에 모델링마스크 분말과 물을 부어 가며 적당한 농도를 맞춘 후 신속하게 도포하도록 한다.

06

도포하기

턱 → 볼 → 눈 → 이마 → 코 → 인중 순으로 빠르게 도포한다.
마스크의 두께는 일정하도록 유의한다.
터번을 풀고 마스크가 굳을 때까지 대기한다.

07

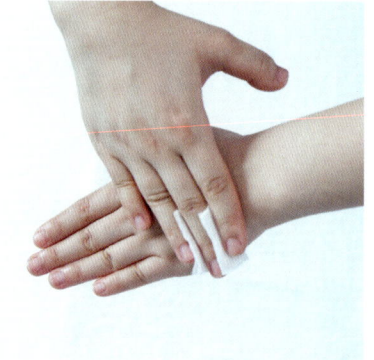 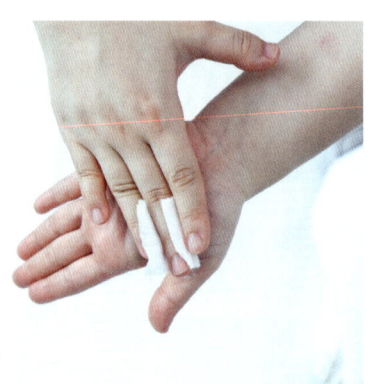

손소독하기

마무리를 위한 손 소독을 한다.

08 제거하기
터번을 다시 감아준 다음 마스크를 턱부터 이마 방향으로 들어 올리며 제거한다.

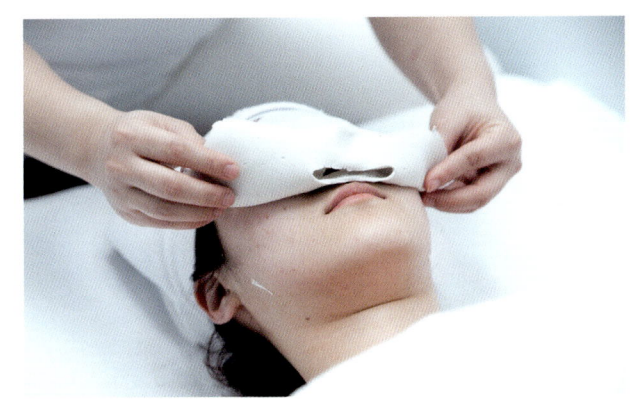

09 해면으로 마무리하기
해면을 이용하여 잔여물을 제거한다.

10 냉습포로 마무리하기
냉습포로 마무리한다.

11 정리하기
토너 → 아이크림 → 수분크림 순으로 피부결을 정리한다.

석고마스크

01 준비하기
고무볼에 고무마스크 분말을 준비하고 물과 스파튤라를 준비한다.

02 소독하기
알코올을 묻힌 화장솜을 이용하여 손을 소독한다.

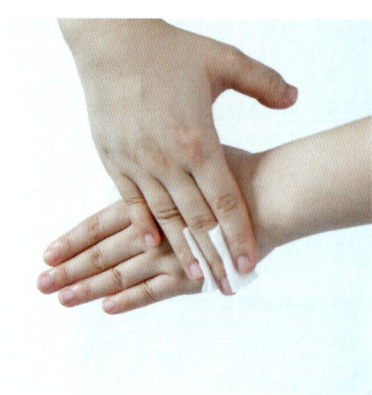 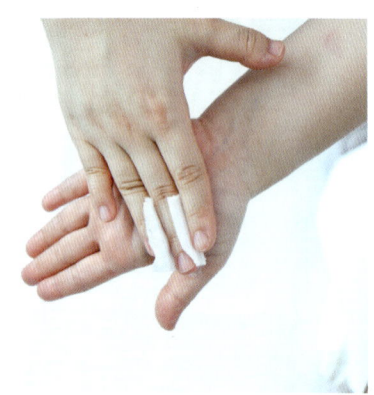

03 아이크림, 립크림 바르기
아이크림과 립크림을 눈과 입술에 바른다.

04 석고베이스크림 도포하기
석고베이스 크림을 눈과 입술을 제외한 얼굴 전체에 팩붓을 이용하여 이마 → 볼 → 턱 순으로 피부결에 맞춰 펴 바른다.

05 | 06

아이패드와 거즈 올려 놓기
아이패드를 올린 후 젖은 거즈를 뭉치지 않도록 고르게 펴서 올려준다.

베이스 크림 덧바르기
젖은 거즈 위에 석고 베이스 크림을 한번 더 도포한다.

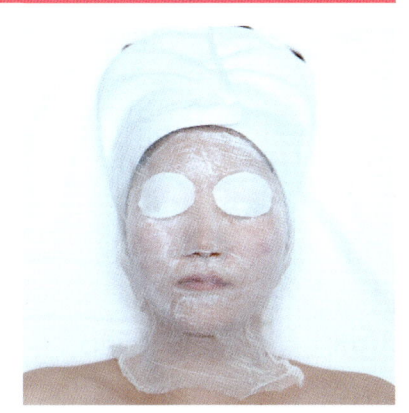

07

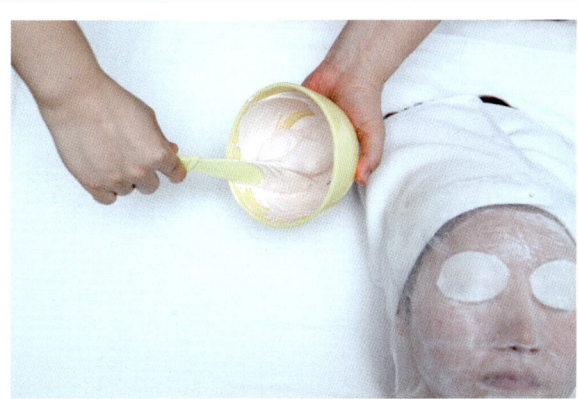

석고마스크 반죽하고 도포하기
준비한 석고 분말을 정제수로 농도를 잘 맞춰 입을 제외한 얼굴 전체에 신속하게 도포를 한다.

08

석고마스크 굳는 시간 기다리기
석고마스크가 굳을 때까지 일정시간 대기한다.

09

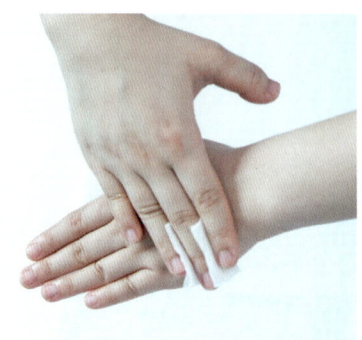 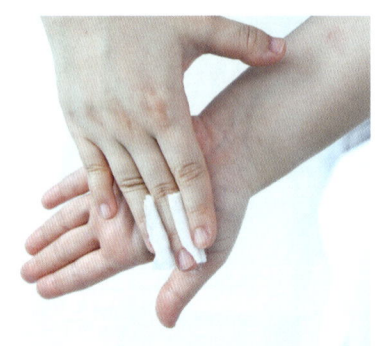

소독하기
마무리를 위한 손 소독을 한다.

10

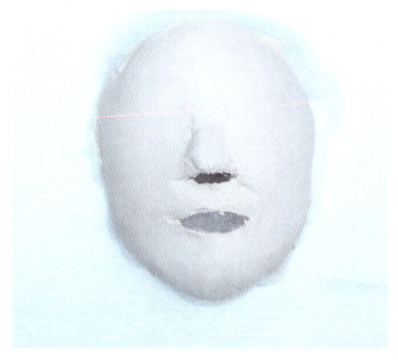

석고마스크 제거하기
터번을 다시 감아준 다음 마스크를 턱부터 이마 방향으로 들어 올리며 제거한다.

11

해면으로 마무리하기
해면을 이용하여 잔여물을 제거한다.

12

냉습포로 마무리하기
냉습포로 마무리한다.

13

정리하기
토너 → 아이크림 → 수분크림 순으로 피부결을 정리한다.

2. 마무리하기

목적
모든 과정이 끝나고 난 후 에센스나 영양크림을 발라주는 과정으로 관리의 지속적인 효과와 영양을 공급하기 위함이다.

마무리 방법
토너정리 후 → 아이크림 & 립크림 → 에센스 → 영양크림 → 자외선차단제 → 커버용 보호크림 순으로 정리한다.

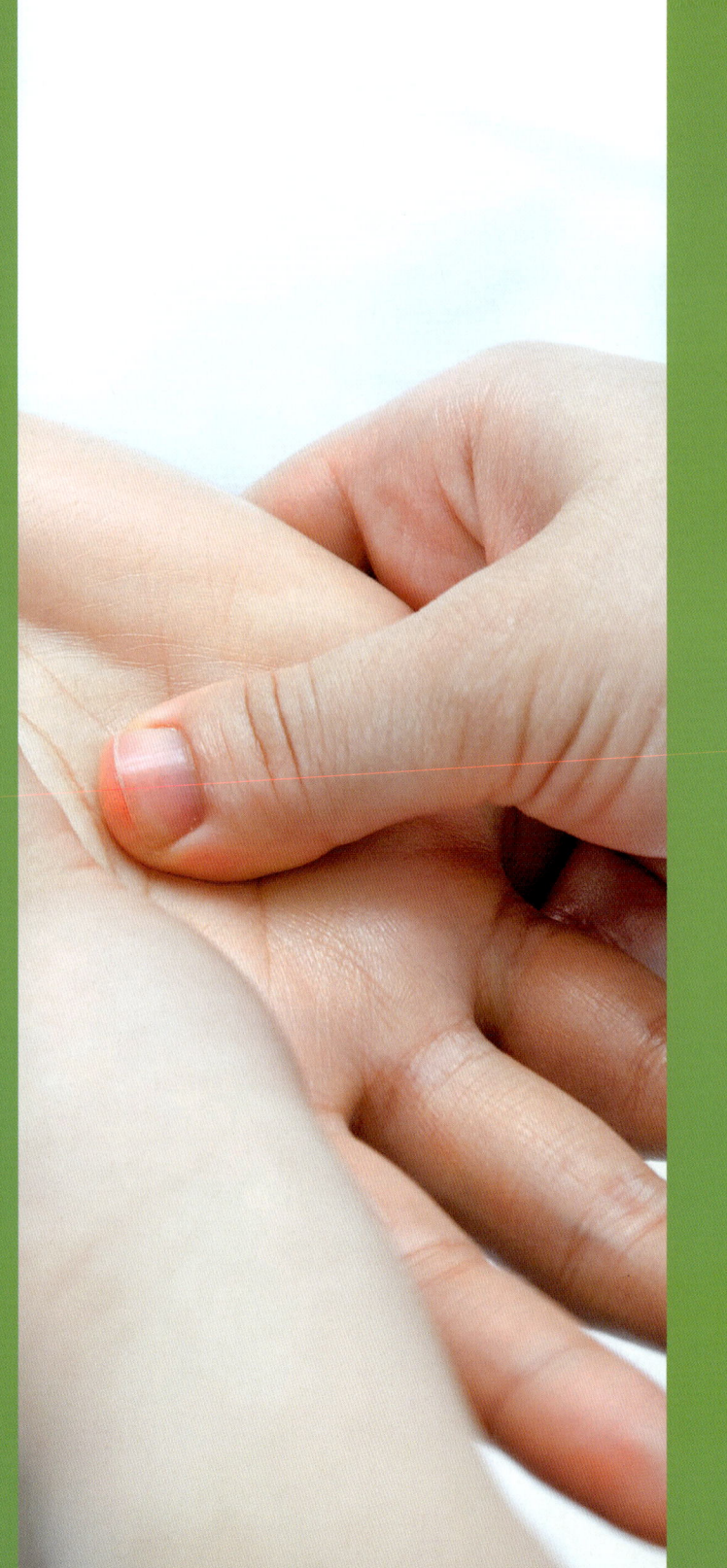

SKIN CARE SPECIALIST

제 **2** 과제

팔·다리·제모관리

제 2과제 **팔·다리·제모관리**

개요 2과제의 과정은 팔과 다리의 매뉴얼테크닉과 제모관리과정이다. 매뉴얼테크닉을 통하여 신체의 혈액순환과 림프순환을 돕고 신체의 독소배출과 영양을 공급하며, 제모관리를 통하여 불필요한 털을 제거하여 깨끗한 피부를 유지할 수 있도록 한다. 요구된 35분내에 모든 동작을 신속하고 정확하게 이행해야 하므로 반복학습과 훈련이 절실히 필요하다.

매뉴얼테크닉의 기본동작

명칭	동작	효과
쓸어주기	경찰법(effleurage) 손가락을 포함한 손바닥전체로 부드럽게 쓸어준다.	모델의 피부와 정서에 안정감을 준다.
문지르기	강찰법(friction) 손가락 끝부분을 이용하여 원을 그리거나 문질러 준다.	피지선을 자극하여 피부노폐물 제거 및 혈액순환 촉진
반죽하기	유연법(petrissage) 엄지와 검지를 이용하여 근육과 피부조직을 압하거나 주무르기를 한다.	신진대사 활성화, 근육의 탄력강화
두드리기	고타법(tapotement) 양손을 이용하여 빠르게 두드리기 한다. ※ 강한 두드림은 0점 처리한다	지방의 과잉축적 억제
진동법(떨기)	진동법(vibration) 피부와 관절부위 등을 빠르고 고르게 진동시킨다.	경직된 근육이완, 림프순환 촉진

수기부위 명칭

1	소지	새끼손가락
2	4지복	2,3,4,5손가락의 지문부위 - 굴려주기 동작 등에 쓴다.
3	모지복	엄지손가락 지문부위
4	호구	엄지와 검지 사이의 손바닥 부분 - 쓸어올리는 동작에 사용
5	수근	손바닥 아래의 두툼한 부위 - 밀착감있게 쓸어줄 때 사용

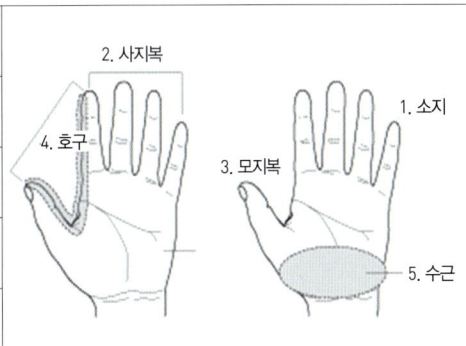

수험자 유의사항

1) 손을 이용한 관리는 팔과 다리(오른쪽)가 주 대상범위이며, 손과 발의 관리 시간은 전체시간의 20%를 넘지 않도록 한다.
2) 제모 시 발을 제외한 좌·우측다리(전체) 중 적합한 부위에 한번만 제거한다.
3) 관리부위에 체모가 완전히 제거되지 않았을 경우 족집게로 잔털 등을 제거한다.
4) 제모는 가로 7 X 세로 20cm 정도의 부직포 1장을 이용하나 도포범위(가로 4~5 X 세로12~14cm)를 기준으로 한다.

요구사항

1) 과제에 사용되는 화장품 및 사용재료는 작업에 편리하도록 작업대에 정리한다.
2) 모델을 관리에 적합하도록 준비하고 베드 위에 누워서 대기하도록 한다.
3) 모델의 관리부위(오른쪽 팔, 오른쪽 다리)를 화장수를 사용하여 가볍고 신속하게 닦아낸 후 화장품(크림 또는 오일타입)을 도포하고, 적절한 동작을 사용하여 관리한다)

준비하기(5분)

1) 웨건 정리

웨건 상단 : 팔/다리관리용 : 소독용 알콜(스프레이), 알콜솜, 미용솜, 마사지오일, 유리볼(2개), 토너

제모관리용 : 장갑(라텍스), 탈컴파우더, 종이컵, 우드스파츌라, 부직포 2장 (7*20), 족집게, 진정젤

웨건 중단 : 티슈, 쟁반, 마른수건 2장

웨건 하단 : 처리바구니(사용한 습포, 볼 담는용도), 비닐(폐기물처리용)

(미리 준비한 온습포 2장이 남아있는지 확인한다.)

요구사항

2, 3과제 웨건 셋팅

(각 상단마다 흰색 타올을 깔아 둔다)

웨건 1단

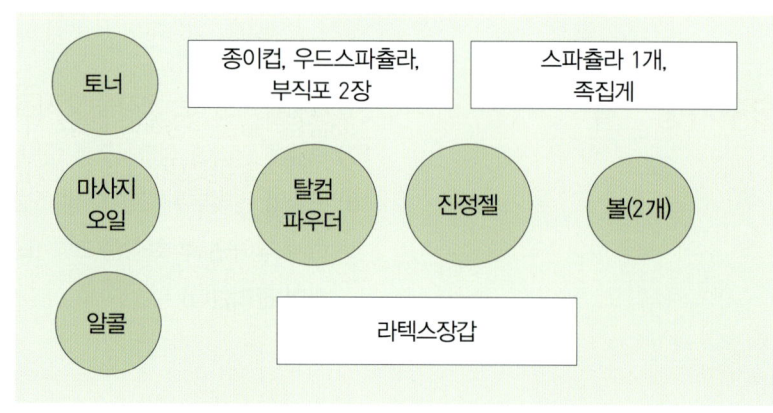

| 미용티슈 | 쟁반 | 마른수건 2장 |

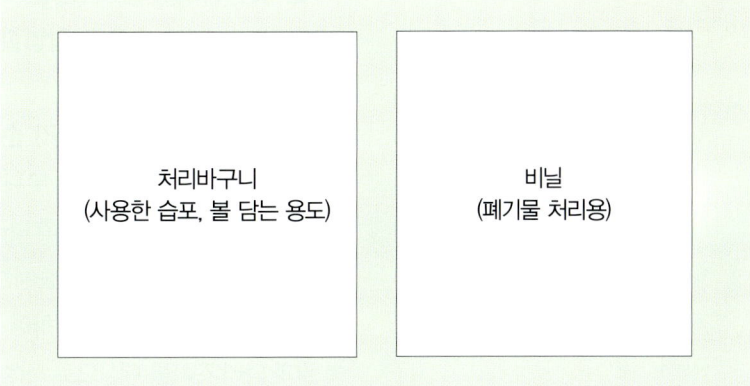

| 처리바구니
(사용한 습포, 볼 담는 용도) | 비닐
(폐기물 처리용) |

2) 베드 정리

1) 깨끗한 대타올을 이용하여 베드에 깔아둔다.
2) 소형타올을 이용하여 속옷이 보이지 않도록 감싸준다. (서혜부를 감싸지 않도록 준비한다)
3) 중형타올을 이용하여 시술하지 않는 다리를 덮어준다.
4) 대타올을 이용하여 피술자의 가슴까지 덮어주고 시술자는 모델 옆에 대기한다.

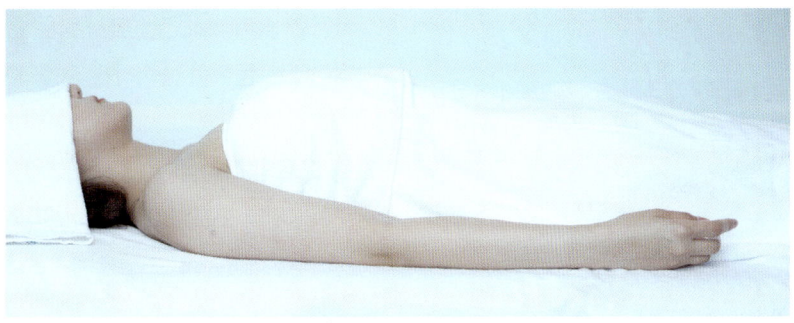

체크포인트

준비 및 모델관리

- **준비물 준비 및 모델관리**
  - 목록상의 재료가 작업에 적합하게 준비가 되어 있어야 한다.
  - 정리대에 사용제품 및 도구가 위생적이며 지속적인 관리가 되어 있어야 한다.
  - 작업을 할 수 있도록 베드세팅이 되어 있어야 한다.
  - 작업에 맞게 노출을 유지하고 모델의 노출부위를 적절하게 가려야 한다.

손을 이용한 팔·다리관리

- **순서는 팔**(클렌징 - 손을 이용한 관리) → **다리**(클렌징 - 손을 이용한 관리) → **제모 순으로 작업할 것**

- **손을 이용한 팔, 다리관리 순서**
1) 관리부위를 제외한 나머지 부위는 노출되지 않도록 한다.
2) 순서는 오른쪽 팔 - 오른쪽 다리 순으로 관리한다.
※ 현장에서의 일반적인 관리순서는 다리 - 팔의 순서이나 제모로 연결되는 작업 시 모델의 관리 등을 위하여 순서를 시험장에 맞게 변경
※ 팔과 다리 전체를 대상으로 하며, 다리의 범위는 서혜부 아래부터 발까지이다. 단, 손과 발 부위의 관리는 총관리 시간의 20%를 넘지 않도록 한다.
3) 화장품을 도포한 후 손을 이용하여 관리한다.
※ 단, 지압, 강한 두드림과 같은 안마유발 동작을 하여서는 안 되며, 채점 대상도 아님(만일 위와 같은 동작을 한 경우에는 세부작업항목을 0점 처리함)
4) 관리가 끝난 부위는 습포를 이용하여 적합하게 마무리를 한다.

2-1. 팔·다리 클렌징
- 가볍고 신속하게 작업한다.
- 화장수의 사용량이 적합해야 한다.
- 사용한 솜이나 해면을 다시 다른 클렌징 부위에 재 사용하지 않아야 한다.
- 닦아내는 동작이 능숙하게 진행되어야 한다.

2-2. 도포의 적합성
- 관리부위에 도포량이 적합하여야 한다.
- 관리부위에 신속하고 고르게 도포하여야 한다.

2-3. 동작의 정확성
- 손을 이용한 동작이 정확하고 적절하게 사용되어야 한다.
- 동작 시 자세가 적합해야 한다.
- 동작 간의 연결성이 부드러워야 한다.

2-4. 작업동작의 적정성
- 전체 동작 작업 시 밀착감, 속도, 강약, 리듬, 유연성이 있어야 한다.

2-5. 관리 중 모델관리
- 관리 부위 변경 시 그에 따른 모델의 노출부위를 적절하게 가려야 한다.
- 모델이 불편함을 느끼지 않도록 해야 한다.

2-6. 마무리 작업
- 습포를 사용하여야 한다.
- 토닝정돈을 하여야 한다.
- 잔여물이 남지 않게 마무리가 되어야 한다.

제모

■ 제모 순서

1) 제모 전 사용도구 및 제모부위에 위생적인 처리를 한다.
※ 제모 부위는 좌·우측 다리 전체 중 체모가 많은 부분으로 하며, 부직포로 제거하는 제모 범위 내 최소 10개 이상의 체모가 있어야 한다.
2) 제모에 적합하게 체모를 정리한다.
3) 유·수분의 제거와 체모가 잘 제거 되도록 사전 처리를 한다.

출처 한국산업인력공단 홈페이지: http://www.hrdkorea.or.kr, www.q-net.or.kr

제 2과제 **시행 순서**

1. 팔관리(10분)
2. 다리관리(15분)
3. 제모(10분)

첫째 작업 **팔관리**

작업소요시간	10분

관리 순서   손 소독 → 클렌징 → 오일도포 → 매뉴얼테크닉 → 온습포 → 마무리

시술전 준비   가. 손 소독하기 : 스프레이를 이용하여 알콜을 손 전체에 뿌려 소독하거나 탈지면에 알콜을 듬뿍 적셔 수험자의 손 전체를 소독한다.
나. 오일 준비 하기: 유리 볼에 적당량의 오일 또는 크림을 준비한다.

매뉴얼테크닉

클렌징하기

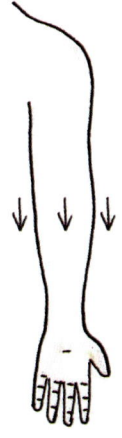
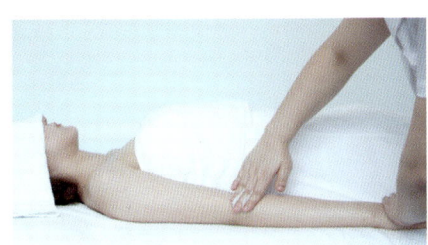

클렌징하기
화장솜 2장에 토너를 적당량 적셔 모델의 팔 전체를 위에서 아래로 닦아준다.

테크닉하기

01

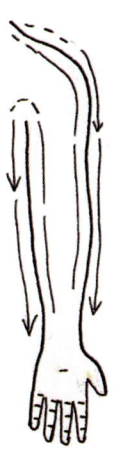

오일 바르기
적당량의 오일을 덜어낸 후 팔 전체와 손등 손바닥에 골고루 도포한다.

02

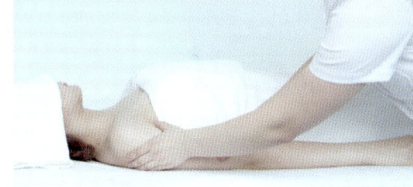

전체 쓸어주기(effleurage)
양 손을 위아래로 하여 나란히 얹은 다음 손목에서 시작하여 상완부위까지 쓸어 올린 후 어깨를 돌아 양 쪽을 향하여 내려온다.

03

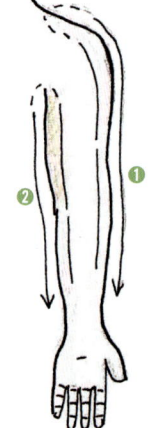
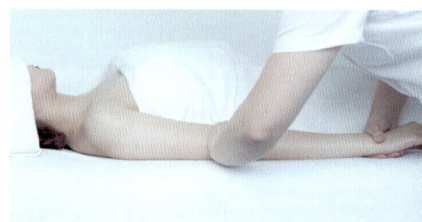

한쪽씩 팔 쓸어주기(effleurage)

한 손은 모델의 손을 잡고 다른 한손으로 팔을 쓸어준 후 바깥 쪽으로 쓸어내린다.
안쪽도 동일하게 실시한다.

04

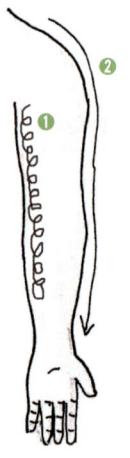

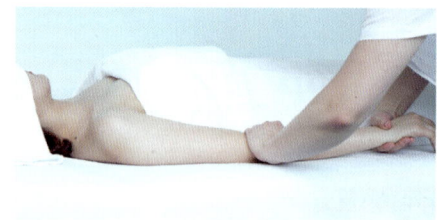

나선형으로 문지르기(friction)

모지복을 이용하여 팔목에서 상완을 향하여 나선형을 그리며 올라 간 후 측면을 따라 내려온다.

05

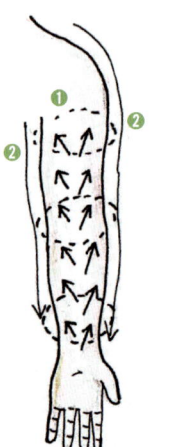
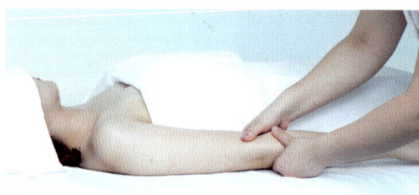
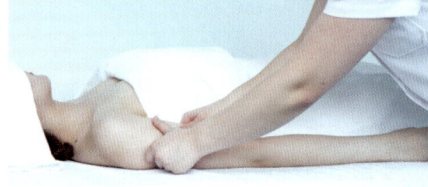

부채살모양으로 쓸어주기

양 손으로 손목을 감싸 쥐고 부채살 모양으로 쓸어 올린 다음 팔의 양 쪽을 따라 내려온다.

06

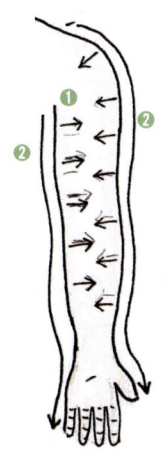
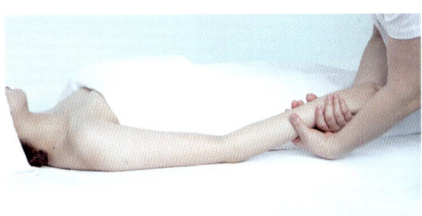

비틀어주기(petrissage)

손바닥을 겹쳐 손목을 감싼 후 엄지와 검지를 이용하여 교차하듯 비틀어준다.
손목에서 시작하여 상완까지 이동한 다음 어깨를 감싸 양 옆으로 내려온다.

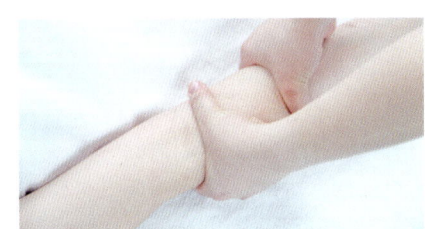

07

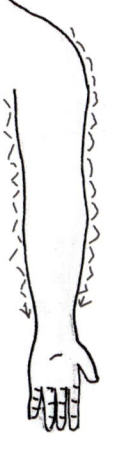
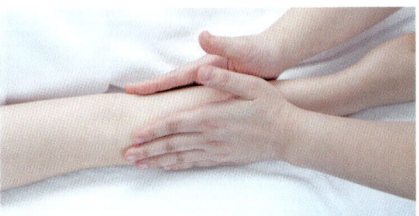

팔 전체 진동하기(vibration)

팔의 양 측면을 손바닥으로 감싼 후 바이브레이션으로 올라갔다가 내려온다.

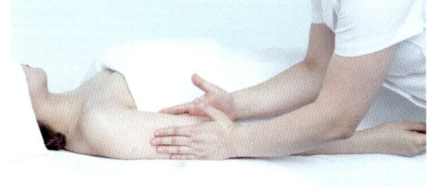

08

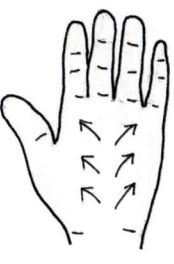
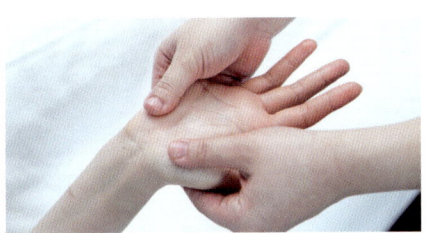

손바닥 문지르기

양 손을 이용하여 손바닥 문지르기를 한다.

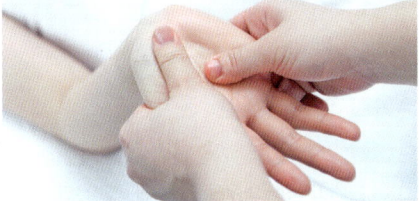

09

손바닥 문지르기(friction)

- 양 손의 모지복*을 손목에 두고 모델의 엄지와 소지를 향하여 쓸어내린다.
- 다시 양손의 모지복을 손목에 모아서 모델의 손바닥까지 쓸어내린다.

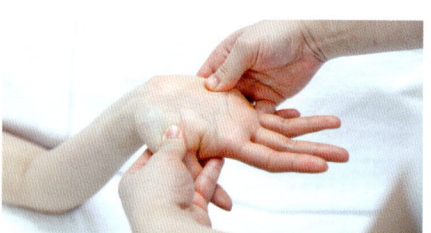
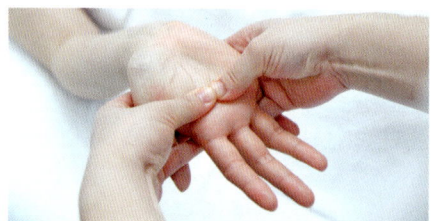

10

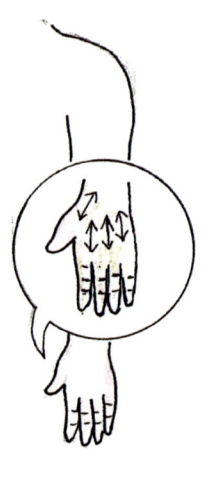

중수골 문지르기

모델의 손 등이 위로 향하게 한 다음 모지복을 이용하여 중수골을 훑어 올라간 후 다시 손가락 사이로 쓸어내린다.

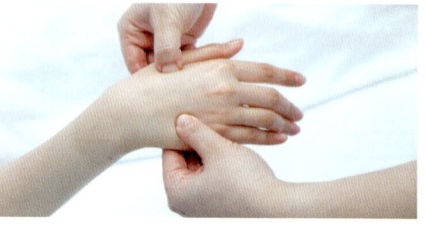
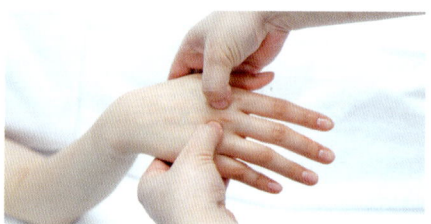

11

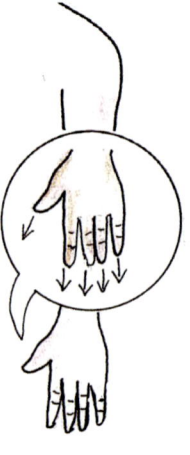

손가락 풀어주기

모지복을 이용하여 손가락을 롤링하여 올라간 후 손톱을 향하여 부드럽게 빼준다.

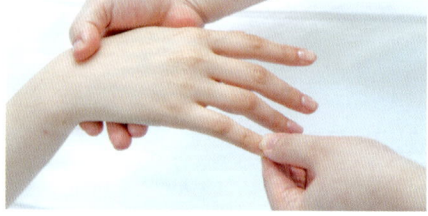

* 131쪽에 부위 명칭 표기

12

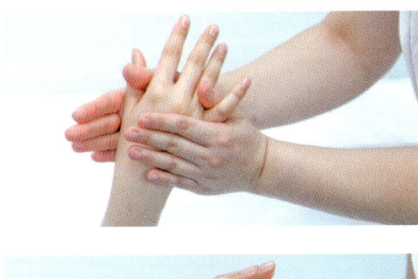
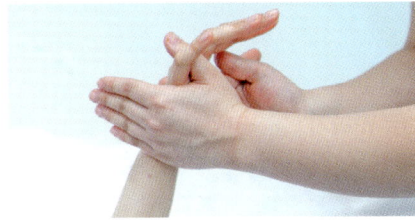

손목 회전하기

수험자의 엄지를 모델의 엄지와 새끼손가락에 끼우고 손을 비비듯 회전해준다.

13

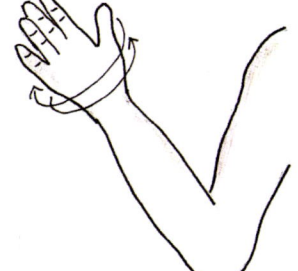
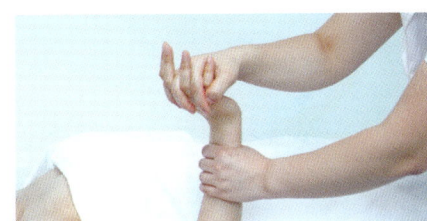
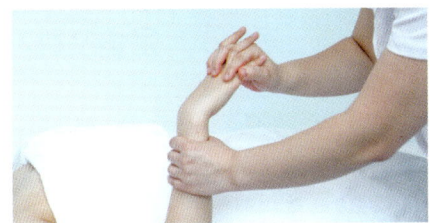

손목 돌려주기

- 한 손은 손목을 잡고 다른 한 손으로는 손가락을 마주 낀 상태에서 손목을 돌려준다.
- 시계방향으로 6회 돌린 후, 반대방향으로 6회 돌린다.

14

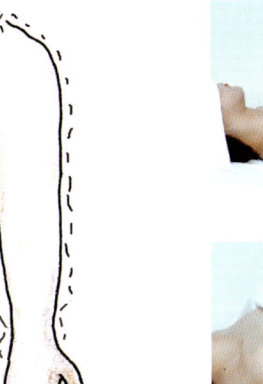
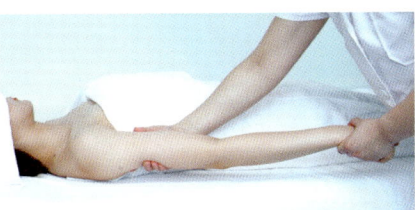
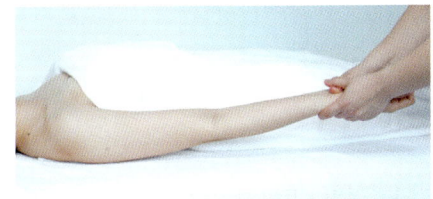

팔 진동하기(vibration)

한손은 어깨를 잡고 다른 한손으로는 손목을 잡은 상태에서 가볍게 흔들어 준 다음 팔을 가볍게 내려놓는다.

15

마무리하기
2번과 같이 전체 쓸어주기를 하여 마무리 한다.

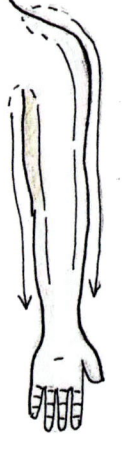

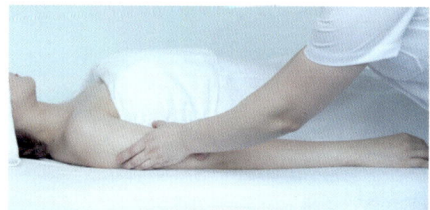

온습포하기 (온장고해 준비해둔 온습포를 트레이를 이용해 가져온다.)

01

온습포를 길게 반으로 접은 상태에서 팔전제에 올리고 따뜻한 기운이 들도록 3등분으로 나누어 스트레칭하며 늘려준다.

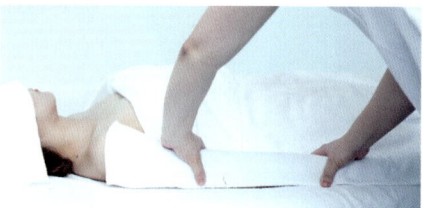

02

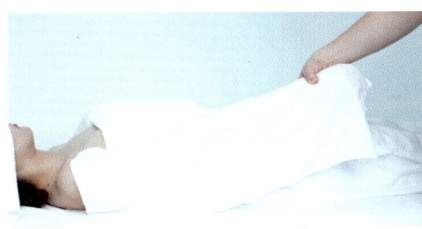
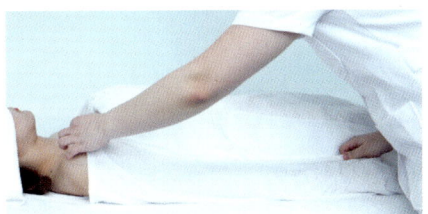

피술자의 팔을 들어 습포가 아래로 늘어지게 한 후, 한 손으로 수건을 팔 전체에 감싸서 닦아준다.

03

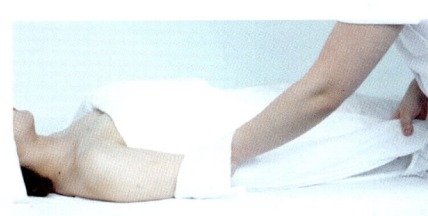
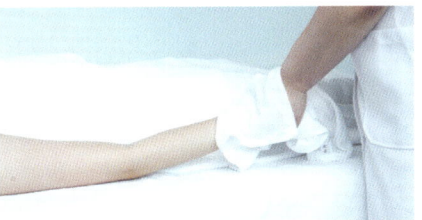

습포 한 쪽을 손목 부위에 고정 한 후 팔에서 손목을 향해 내려오면서 단계적으로 닦아준다.

04

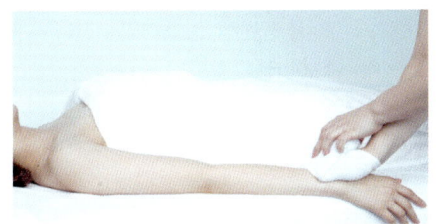

사용하지 않은 면을 한손에 감싼 후 이용하여 팔의 밖과 안쪽의 미흡한 부분을 꼼꼼히 닦아준다.

05

습포를 펼쳐 손을 감싼 후 손가락 사이를 세밀하게 닦아준다.

마무리하기

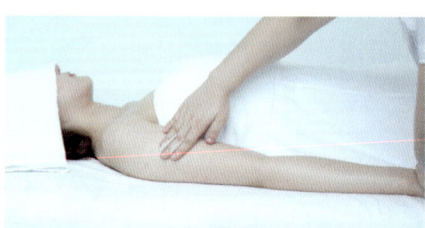

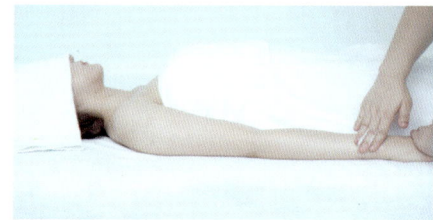

화장솜에 토너를 묻힌 다음 남아있는 잔여 물을 깨끗이 닦아준다.

둘째 작업 다리관리

작업소요시간	15분

관리 순서 손 소독 → 클렌징 → 오일도포 → 매뉴얼테크닉 → 온습포 → 마무리

시술전 준비
가. 손 소독하기 : 스프레이를 이용하여 알콜을 손 전체에 뿌려 소독하거나 탈지면에 알콜을 듬뿍 적셔 시술자의 손 전체를 소독한다.
나. 오일 준비 하기: 유리 볼에 적당량의 오일 또는 크림을 준비한다.
※ 팔과 다리의 순서가 바뀌는 경우 0점 처리하고 좌우가 바뀐 경우는 감점 처리한다

매뉴얼테크닉   **클렌징하기**

클렌징하기
탈지면 2장에 토너를 적당량 적셔 다리 전체를 위에서 아래로 닦아준다.

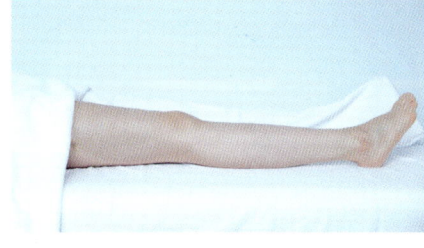

테크닉하기

01

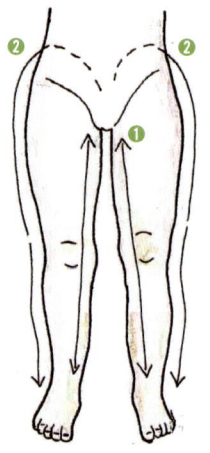
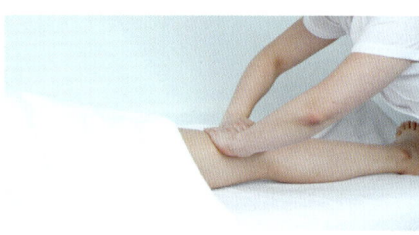

오일 바르기
적당량의 오일을 덜어낸 후 발등에서 대퇴부까지 전체에 골고루 도포한다.

02

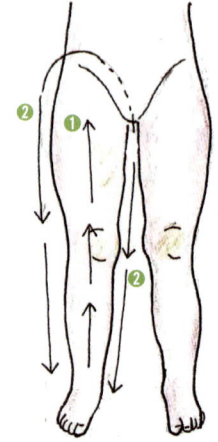
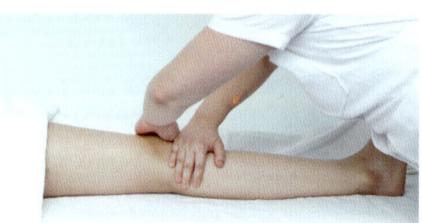
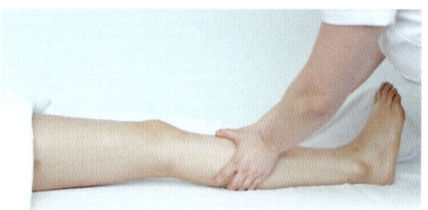

전체 쓸어주기(effleurage)
양 손을 위아래로 하여 다리 전체를 쓸어 올린 후 대퇴부를 돌아 다리 양 측으로 쓸어 내린다.

03

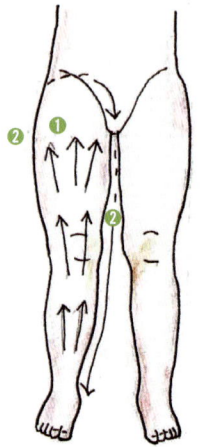
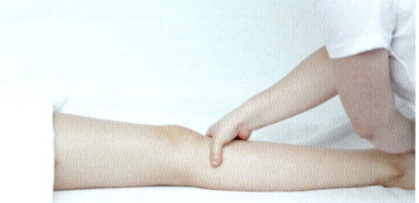
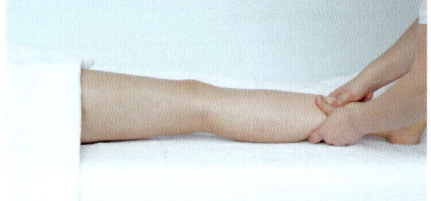

퍼 올리기
발목에서 대퇴부를 향해 호구부위*를 이용하여 퍼 올려준 후 다리 양측을 따라 내려온다.

* 131쪽에 부위 명칭 표기

테크닉하기

04

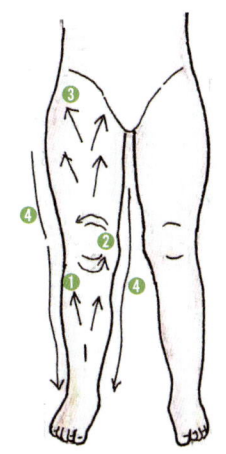
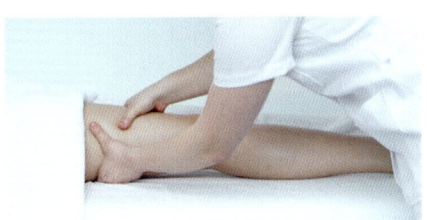

부채살모양으로 쓸어주기

양 손으로 손목을 감싸 쥐고 부채살 모양으로 쓸어 올린 다음 무릎에서 슬개골을 양쪽 엄지손을 이용하여 위아래로 지그재그로 쓸어준 후 대퇴부상부를 향하여 부채살모양으로 올라가 다리의 양 쪽을 따라 내려온다.

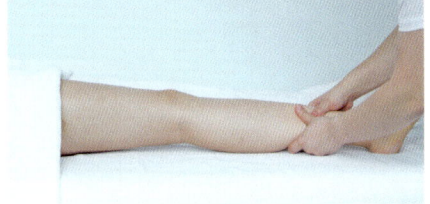

05

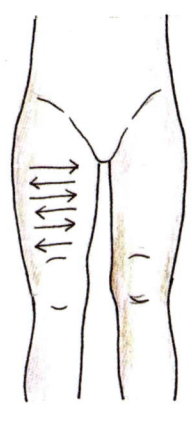
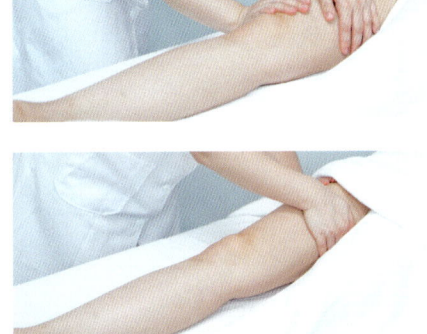

대퇴부 반죽하기(petrissage)

손바닥 전체를 이용하여 대퇴부를 감싼 후 수근부위*와 사지복*을 중심으로 대퇴부를 반죽한다.

06

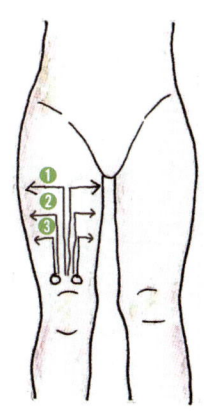
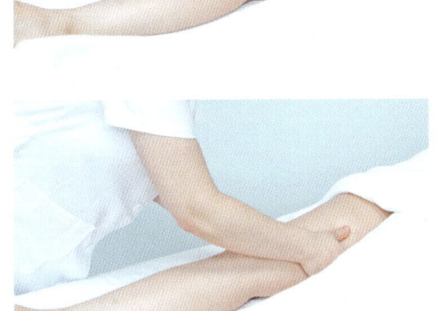

대퇴부 문지르기

- 양 손을 모아 무릎 상부에서 대퇴 상부로 이동한 다음 양 옆으로 빼준다.
- 처음에는 길게, 두 번째는 2/3 정도, 세 번째는 1/3 정도 쓸어올린다.

* 131쪽에 부위 명칭 표기

07

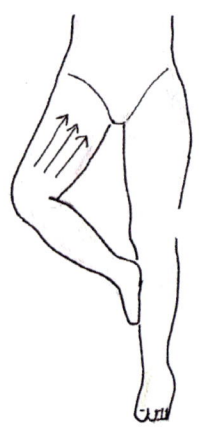
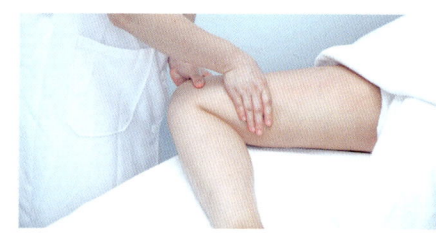

대퇴부 안쪽 쓸어올리기

다리를 꺾어 발바닥을 반대쪽 종아리 부위에 고정시킨 후 손바닥을 이용하여 쓸어올린다.

08

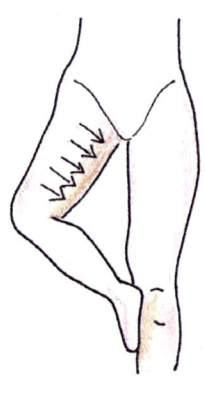
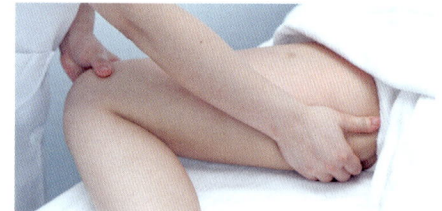
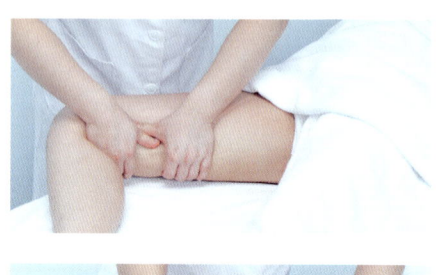

대퇴부 쓸어내리기

대퇴부를 수근부위를 이용하여 쓸어내린다.

09

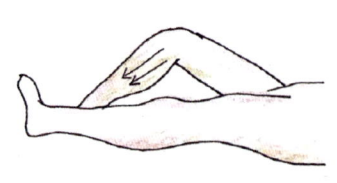
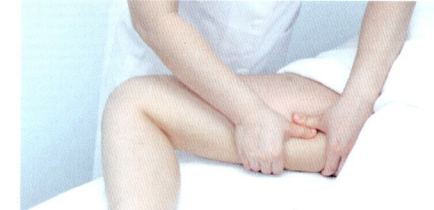
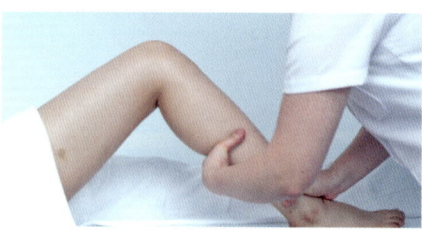
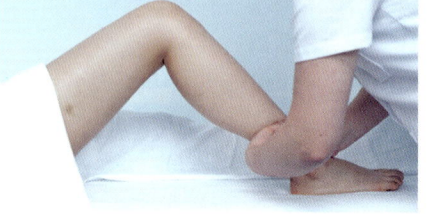

비복근 쓸어주기

다리를 45°로 세운 후 한 손은 발을 고정시키고 한 손의 호구부위*로 비복근을 상하로 쓸어준 다음 다리를 펴준다.

* 131쪽에 부위 명칭 표기

10

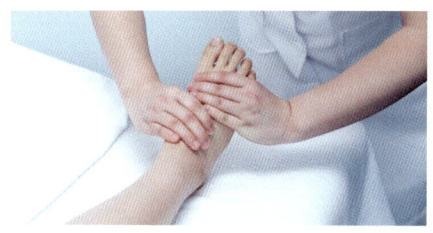
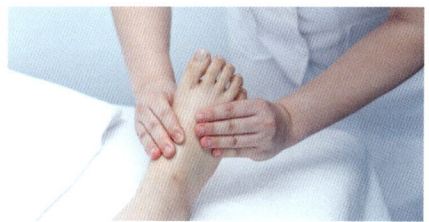

발등 문지르기(friction)
- 양 손의 호구부위*로 발등을 감싼 후 발등을 문지른다.
- 엄지 손이 발바닥에 고정하도록 한다. 양 손을 동시에 압을 주며 밀어주고, 이어서 동시에 힘을 빼면서 풀어준다.

11

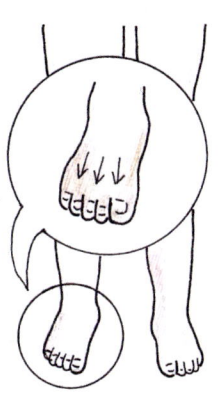
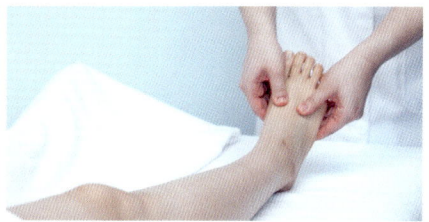
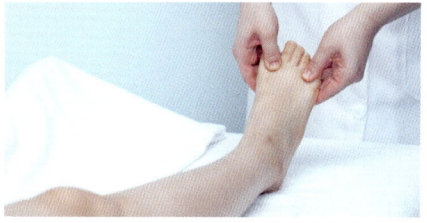

중족골 쓸어주기(friction)
- 양손의 모지복*을 이용하여 중족골을 쓸어준다.
- 발가락 사이에서 발등을 향해 쓸어 올라갔다가 발가락 사이로 내려온다.

12

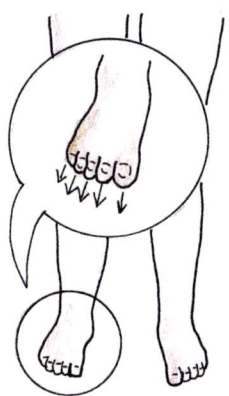
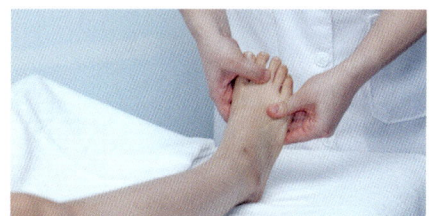
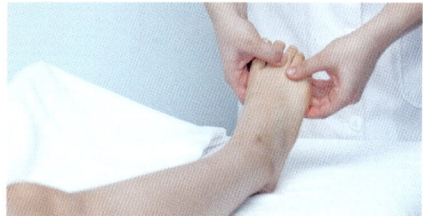

발가락 롤링하기
발가락을 순서대로 롤링하면서 올라라갔다가 발가락 끝으로 빼준다.

* 131쪽에 부위 명칭 표기

13

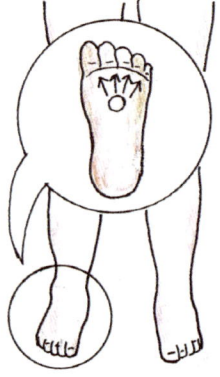
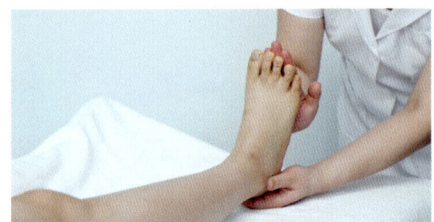
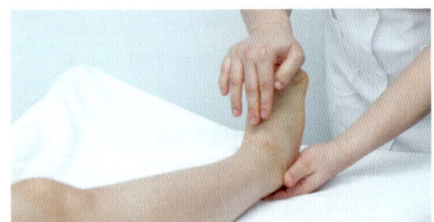

발가락 젖혀주기

발바닥을 젖혀서 훑어 꺾어준다.

14

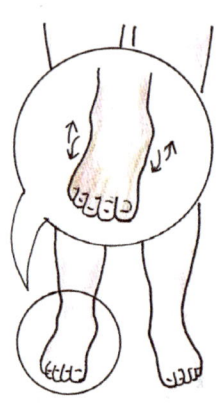
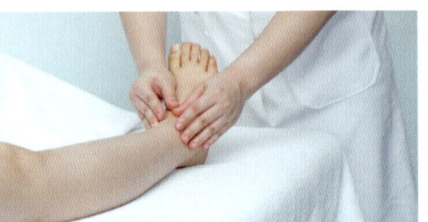
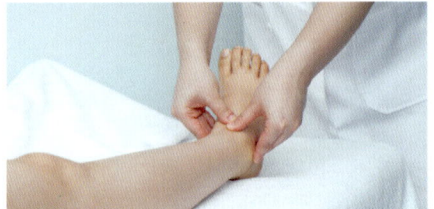

양쪽복사뼈 굴려주기

양 손의 사지복을 이용하여 양쪽복사뼈를 원을 그리듯 굴려준다.

15

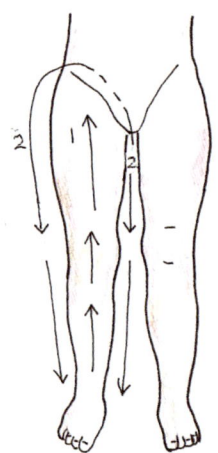
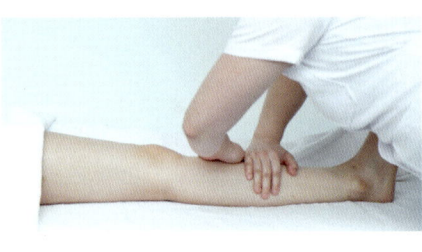

마무리하기

2번과 같이 전체 쓸어주기를 하여 발끝으로 부드럽게 빼준다.

온습포하기 (온장고해 준비해둔 온습포를 트레이를 이용해 가져온다.)

01

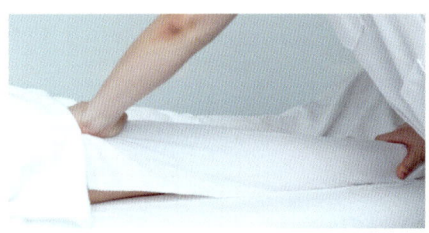

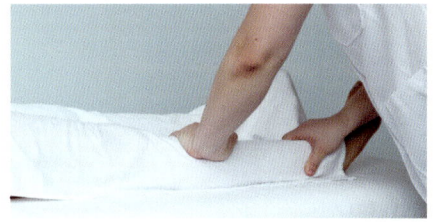

온습포를 길게 다리전체에 올리고 따뜻한 기운이 들도록 3등분으로 나누어 수근*으로 눌러준 다음 스트레칭하며 늘려준다.

02

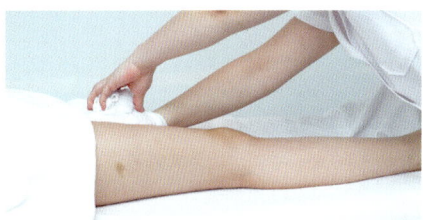

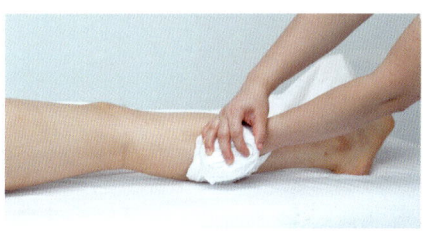

사용하지 않은 면을 이용하여 손에 감싼 후 다리의 밖과 안쪽의 미흡한 부분을 꼼꼼히 닦아준다.

03

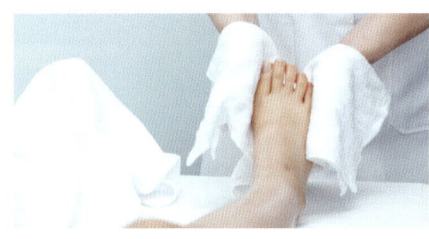

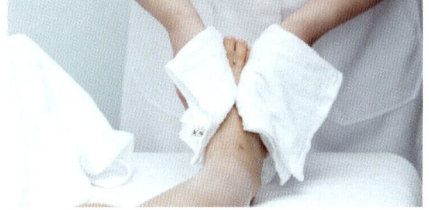

습포를 펼쳐 발을 감싼 후 발가락 사이를 세밀하게 닦아준다.

* 131쪽에 부위 명칭 표기

마무리하기

화장솜에 토너를 묻힌 다음 남아있는 잔여물을 깨끗이 닦아준다.

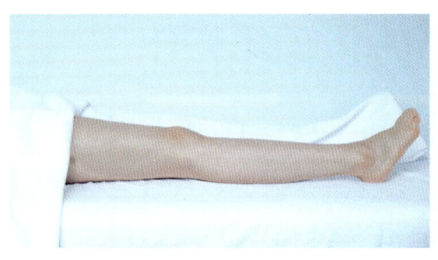

셋째 작업 **제모**

작업소요시간	10분

요구사항
왁스 워머에 데워진 핫 왁스를 필요량만큼 용기에 덜어서 작업에 사용하고, 다리에 왁스를 부직포 길이에 적합한 면적만큼 도포한 후 체모를 제거하고 제모 부위의 피부를 정돈한다.

준비물
왁스(시험장 제공), 장갑(라텍스), 탈컴파우더, 종이컵, 우드스파츌라, 부직포 2장 (7*20), 족집게, 진정젤, 티슈, 알코올 솜

관리 순서
장갑착용 → 손소독 → 제모부위소독 → 탈컴파우더(유분기제거) → 왁스도포 → 부직포부착 → 부직포제거 및 잔털제거 → 진정젤 바르기

시술전 준비
가. 손 소독하기 : 수험자는 라텍스장갑을 착용한 후 알코올 스프레이나 알코올 솜을 이용하여 손과 족집게 등 필요한 도구를 소독한다.
나. 시술 부위인 오른쪽 다리 사이에 티슈 한 장을 깔고 부직포와 족집게를 셋팅한다.

제모하기

01

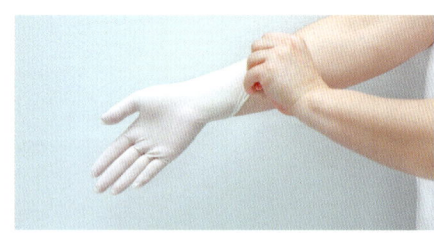
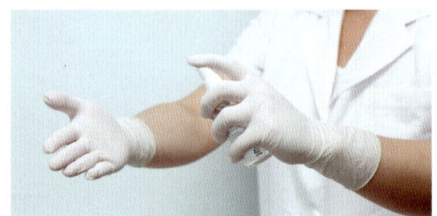

장갑착용
라텍스장갑을 착용한 후 알콜스프레이나 알코올 솜을 이용하여 닦아준다.

02

소독하기
시술부위를 알코올 솜을 이용하여 털이난 방향을 향하여 소독한다.

03

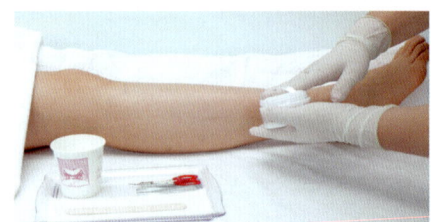
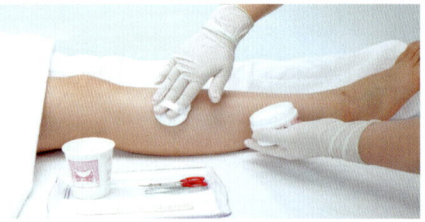

유분기 제거
탈컴 파우더를 발라 유분기를 제거한다.

04

왁스가져오기

종이컵과 스파츌라를 들고 허니 왁스가 제공된 곳으로 이동하여 왁스를 적당량 덜어온다.

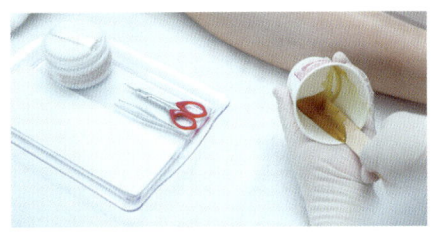

05

왁스온도체크

먼저 수험자의 팔 안쪽에 소량의 왁스를 발라 온도가 적장한지 체크한다.

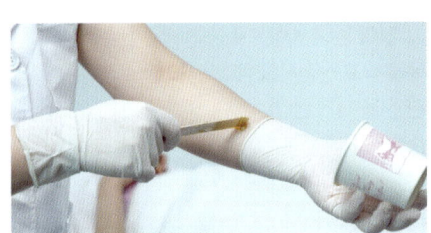

06

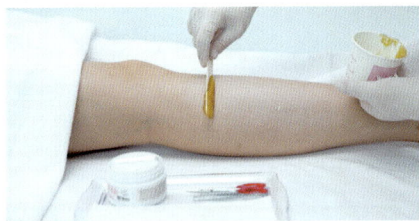

왁스 도포

스파츌라를 이용하여 왁스를 5*12 센티 정도를 털 난 방향으로 균일하게 도포한다.

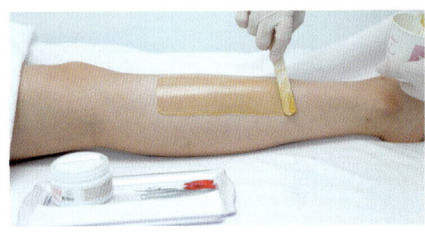

07

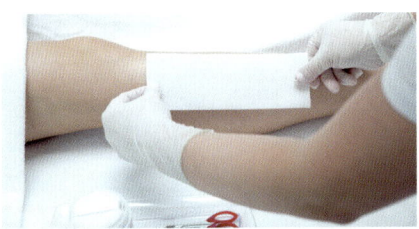

부직포 부착

부직포를 왁스 도포부위에 밀착시킨 다음 털의 결을 따라 쓸어내린다.

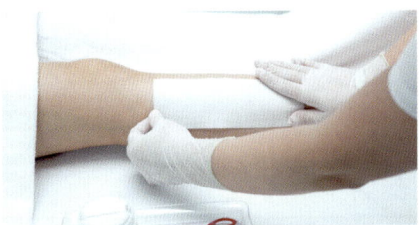

08

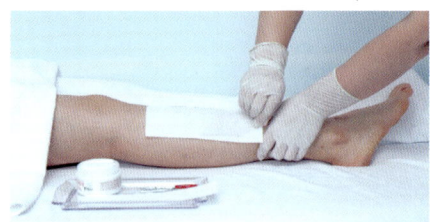

부직포 제거

손을 들어 감독관에게 신호를 보낸 후 감독관의 채점 하에 무슬린 천을 제거한다(제거 시 털의 반대 방향으로 제거하되 한손은 발목을 잡고 신전시킨 상태에서 재빠르게 무슬린 천을 제거 한다).
수험자 팔에 있는 온도체크용 왁스를 제거한다.

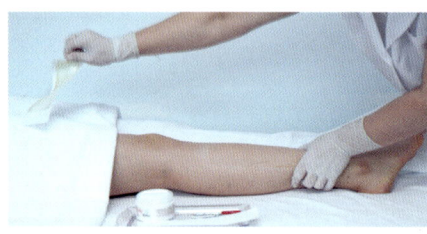

09

잔털제거

족집게를 이용하여 왁스로 제거되지 않은 잔털을 제거한다.

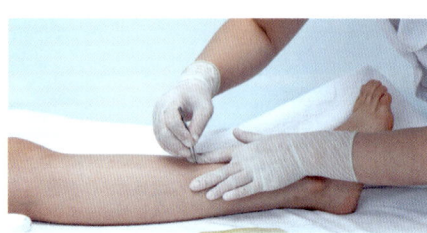

10

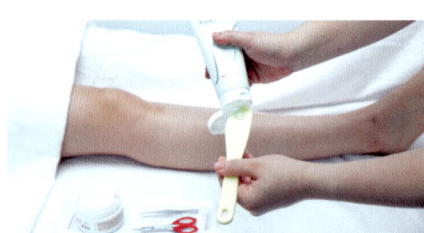

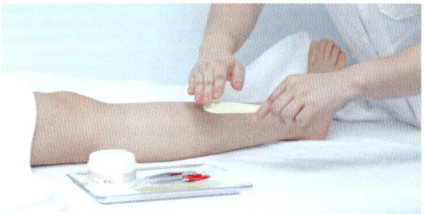

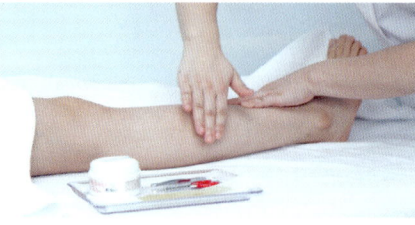

진정

진정젤을 발라 제모 부위를 안정시킨다.

■ Tip

- 모델의 털이 너무 긴 경우는 1Cm 이하로 길이를 자른 후 검정에 임한다. (남자모델)
- 왁스 도포는 털의 방향대로 0.1mm 두께로 얇게 바르고 제거는 털의 반대 방향으로 제거한다.
- 부직포를 제거 할 때는 꼭 손을 들어 감독관이 입회 한 후에 제거를 한다.
- 제거한 천은 모델의 다리 옆 침대에 올려놓고 감독관이 채점을 하도록 한다.
- 제모 부위는 좌우 구분이 없다.
- 모델이 체모가 없는 경우는 0 점 처리 한다.
- 체모가 있지만 적어서 작업하기 적합하지 않은 경우는 감점(-3) 처리한다.

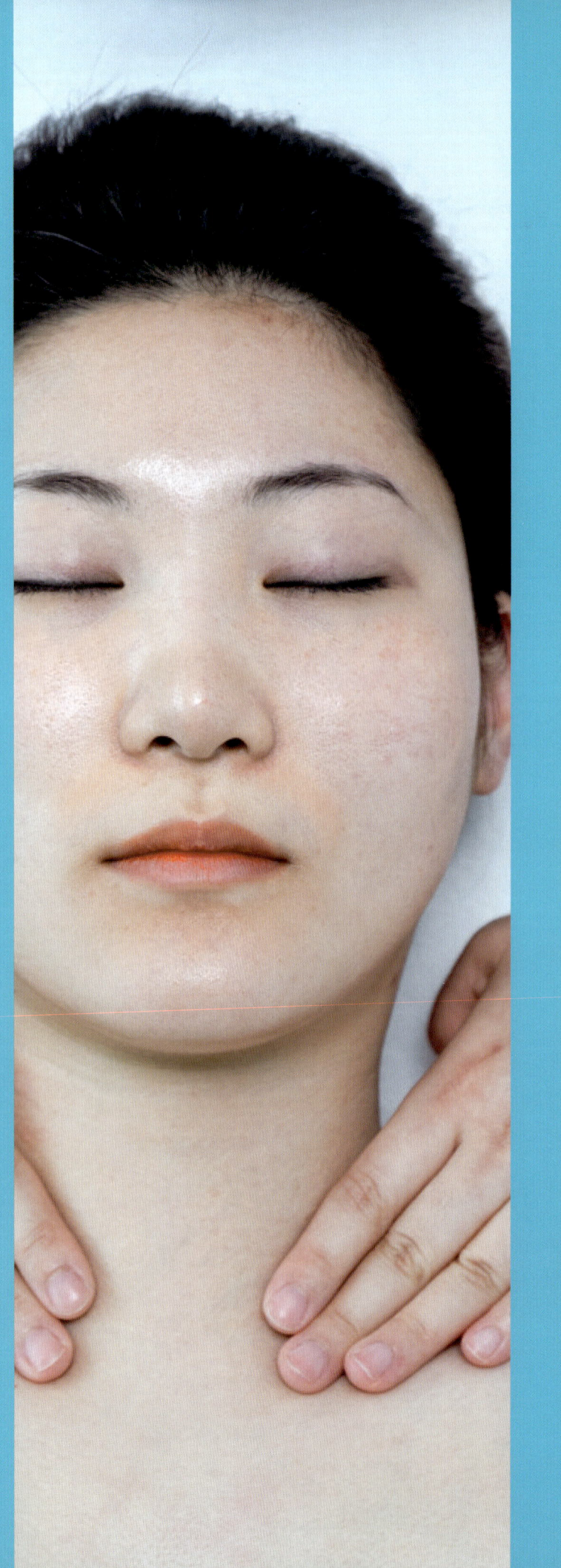

SKIN CARE SPECIALIST

제 **3** 과제

림프를 이용한 피부관리

제 3과제 **림프를 이용한 피부관리**

개요

제 3과제는 림프드레나쥐 기법을 이용하여 얼굴 및 데콜테 부위를 관리하는 과정이다. 림프드레나쥐 시술을 통하여 관리부위의 혈액순환과 림프순환을 돕고 독소배출, 부종완화, 면역력 증진 등 건강한 인체를 유지할 수 있도록 한다. 요구된 15분 내에 림프의 흐름에 따른 부위별 관리동작을 정확하게 이행해야 하므로 반복적인 훈련이 요구된다.

림프드레나쥐 기본동작

명칭	사진	동작	효과
쓰다듬기 (Effleuragy)		엄지의 기저부분으로(손가락 아래 돌출부분, 엄지볼)을 사용하여 쓰다듬는 동작이다. 림프드레나쥐 시 동작의 시작과 마지막에 적용한다.	모델의 피부와 정서에 안정감을 준다.
고정원 그리기 (Stationary Circle)		- 목과 얼굴부위의 주요 림프절에서 림프액이 흐르는 심장방향으로 손가락 끝부분 중 특히 2, 3, 4지를 이용해서 관리한다. - 피부에 손을 고정한 뒤에 림프액이 흐르는 방향으로 신장(Streching)하여 반원을 그리듯 밀어내었다가 힘을 빼준다. 이때 늘어난 피부가 원래의 자리로 돌아오려는 성질 때문에 림프액이 배농되는 원리이다. - 한 부위에서 여러 번 반복하여 동작을 실시한다. - 고정원 그리기 동작 시 피부에 가해지는 압력은 약 30~35 mmHg[1] 정도이다.	림프액의 원활한 배농을 도와 노폐물 및 부종의 제거에 효과적이다.

요구사항

1) 과제에 사용되는 화장품 및 사용 재료는 작업에 편리하도록 작업대에 정리하시오.
 - 왜건은 별다른 정리없이 2교시에 사용하던 것을 그대로 사용한다.
2) 모델을 작업에 적합하도록 준비하시오.
 - 림프의 흐름을 방해하지 않도록 터번을 풀어준 후 관리하며 시험이 시작되면 알코올로 손소독을 한 후 데콜테 부위의 관리부터 실시한다.

---

[1] 약 30~35mmHg의 압력은 500원짜리 동전 하나 정도의 무게에 해당한다.

순서	작업명	요구내용	시간	비고
1	림프를 이용한 피부관리	적절한 압력과 속도를 유지하며 목과 얼굴부위 림프절 방향에 맞추어 피부관리를 실시하시오. (단, 에플라쥐 동작을 시작과 마지막에 하시오.)	15분	종료시간에 맞추어 관리하시오.

수험자 유의사항

1) 작업 전 관리부위에 대한 클렌징 작업은 하지 않는다.
2) 관리 순서는 에플라쥐를 먼저 실시한 후 첫 시작지점은 목 부위(profundus)부터 하되, 림프절 방향으로 관리하며, 림프의 흐름에 역행되지 않도록 주의한다.
3) 적절한 압력과 속도를 유지하고, 정확한 부위에 실시한다.

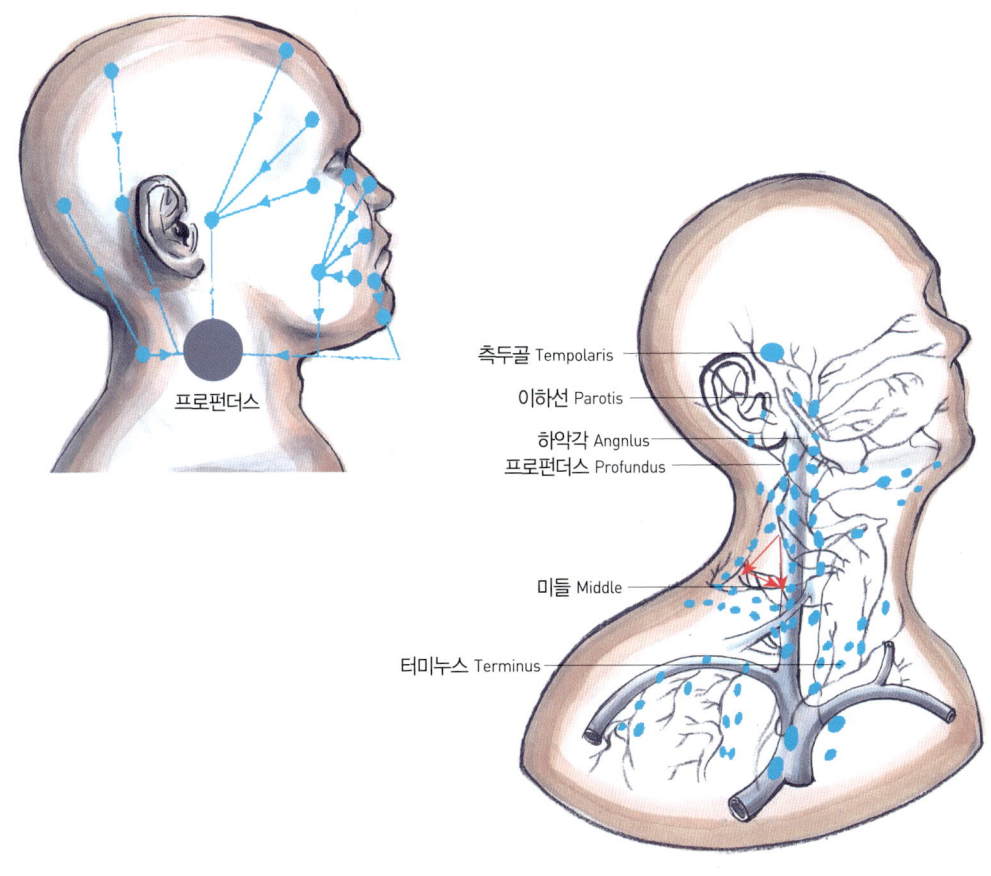

프로펀더스

측두골 Tempolaris
이하선 Parotis
하악각 Angnlus
프로펀더스 Profundus
미들 Middle
터미누스 Terminus

■ **Check point**

① 프로펀더스, 미들, 터미누스의 정확한 위치를 알 수 있는 방법

프로펀더스(Profundus) : 귀 뒤편 유양돌기 아래 오목하게 들어가는 부위

미들(Middle) : 프로펀더스와 터미누스의 중간지점으로 경정맥 바로 뒤에 있는 부위

터미누스(Terminus) : 경정맥과 쇄골하 정맥이 만나는 부위

파로티스(Parotis) : 귀 앞부분의 중간과 하단 부위

템포라리스(Temporalis) : 관자놀이 부위

② 림프절 방향

머리에서 심장으로 림프액이 이동하는 방향

③ 림프를 이용한 피부관리의 적절한 압력과 속도

압력 : 약 30~35mmHg 정도의 압력으로 림프드레나쥐를 진행한다. 이 때, 가해지는 압력은 500원짜리 동전의 질량과 비슷하며, 최대한 손에 힘을 빼고 피부의 still point[2]를 느끼면서 관리해야 한다.

속도 : 맥박이 뛰는 속도(70~80회/분)로 실시한다.

④ 순서

데콜테 에플라쥐 → 측경부(프로펀더스, 미들, 터미누스) → 턱부위(하악부위) → 귀부위 → 데콜테 에플라쥐 → 얼굴 에플라쥐 → 턱부위(입술아래) → 윗입술부위 → 코부위 → Long journey(양볼, 구각, 턱부위(하악부위)) → 눈부위 → 눈썹부위 → 이마부위 → 머리측면부위 → 프로펀더스 20회 → 측경부(프로펀더스, 미들, 터미누스) → 얼굴 에플라쥐 → 안정시키기

---

[2] still point : 최대한 손에 힘을 빼고 피부를 밀었을 때 더 이상 피부가 신장되지 않는 지점

첫째 작업 **림프드레나쥐 실기**

작업소요시간	15분

관리 순서

손 소독 → 목 및 데콜테 관리 → 얼굴관리 → 안정

※ 목관리 → 얼굴관리의 순서로 하지 않으면 0점 처리한다.

시술전 준비

1) 모델의 신체가 이완될 수 있도록 최대한 편안한 자세를 취하도록 한다.
2) 모델의 터번을 풀어주어 림프액의 순환을 도와준다.
3) 손소독하기 : 스프레이를 이용하여 알코올을 손 전체에 뿌려 소독하거나 탈지면에 알코올을 듬뿍 적셔 수험자의 손 전체를 소독한다.

시간배분

구분	시험시간	내용	분배시간	준비물
림프를 이용한 피부관리	15분	손 소독	약 30초	알코올 솜, 알코올 스프레이
		목 및 데콜테 관리	약 4분	필요없음
		얼굴관리	약 10분	필요없음
		안정	30초	필요없음

림프를 이용한 피부관리 실전 동작

목 및 데콜테 관리

01

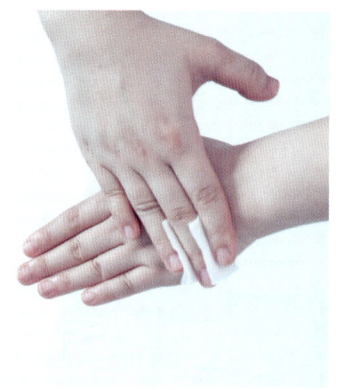
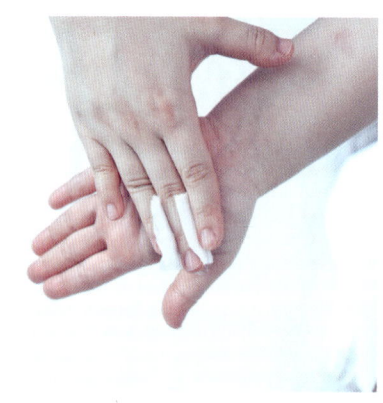

소독하기
수험자의 손을 소독한다.

02

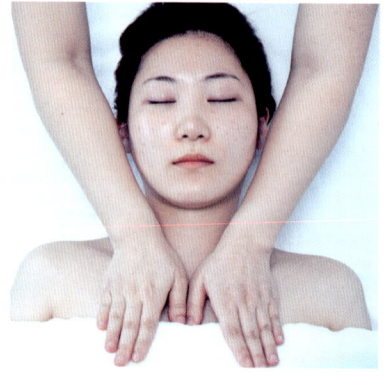
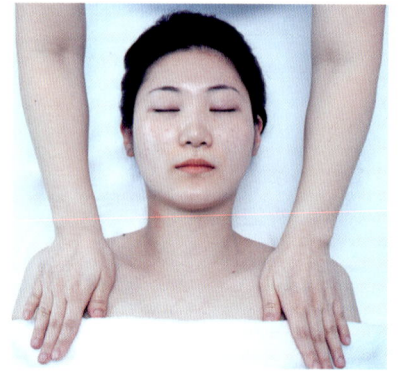

데콜테 쓰다듬기
엄지의 기저부분(손가락 아래 돌출부분)을 사용하여 데콜테 부위 가운데서 액와 방향으로 쓰다듬기 (5회 반복)

03

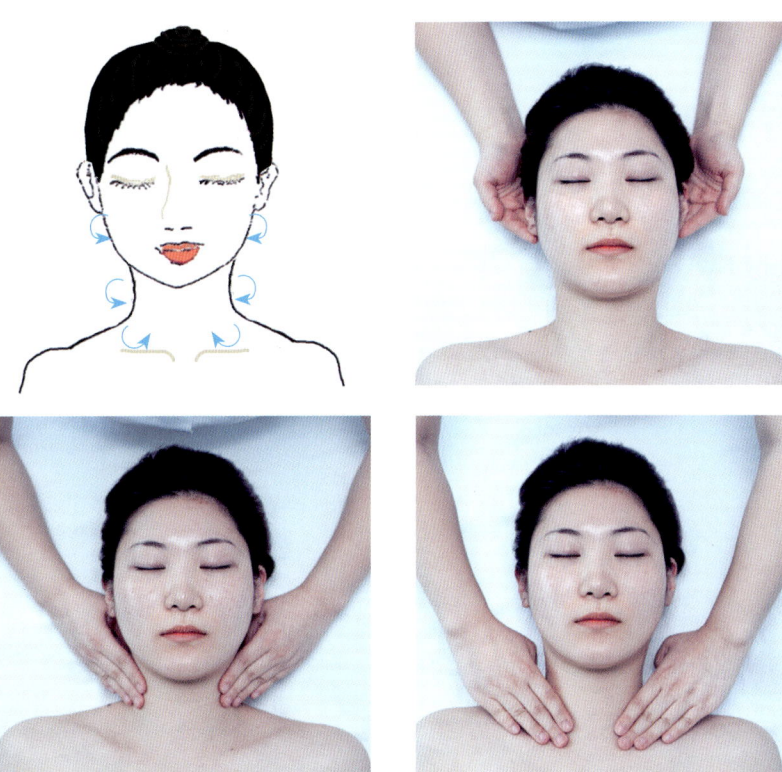

측경부 고정원 그리기

프로펀더스 → 미들 → 터미누스 고정원 그리기 실시 (부위별 5회 반복)

04

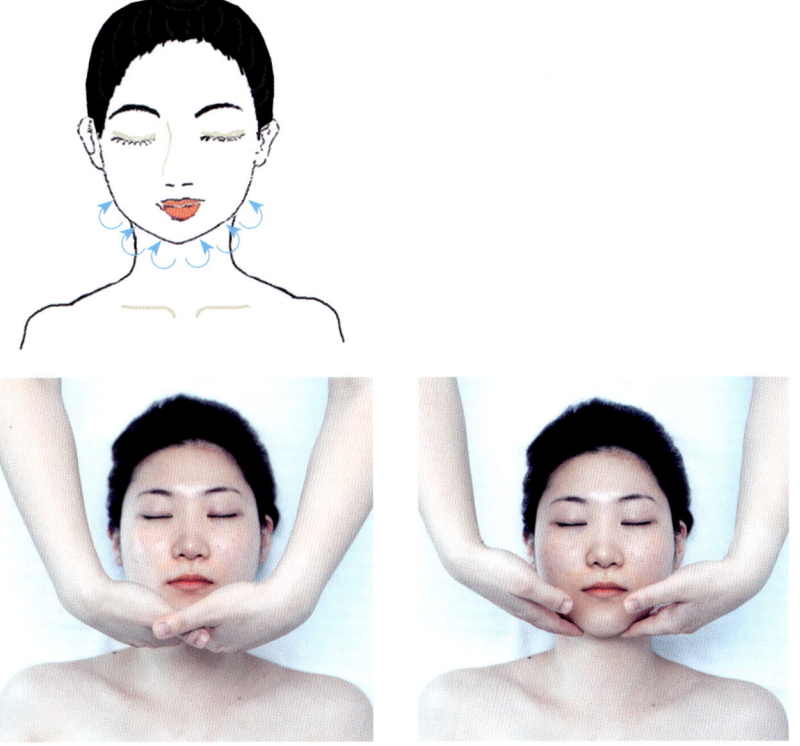

턱부위(하악부위) 고정원 그리기

아래턱 → 중간 → 하악 고정원 그리기 실시
(부위별 5회 반복)

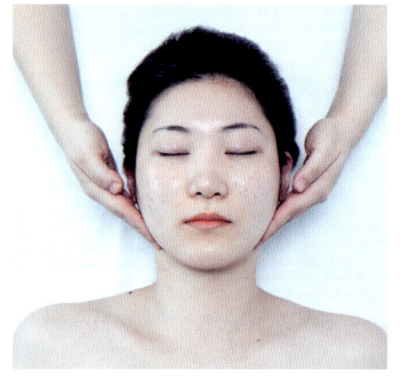

05

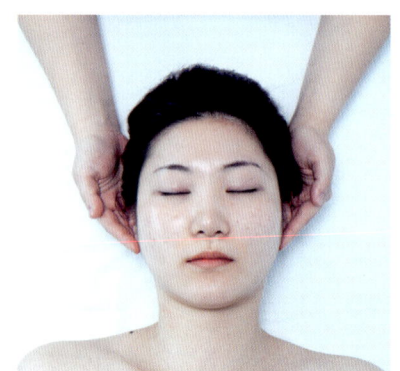

귀부위 포크기법 후 측경부 고정원 그리기

파로티스(검지와 중지 사이에 귀를 끼워 아래 방향으로 내려주는 동작) → 프로펀더스 → 미들 → 터미누스에서 고정원 그리기 실시 (부위별 5회 반복)

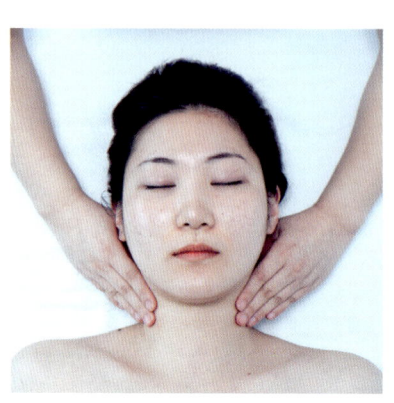
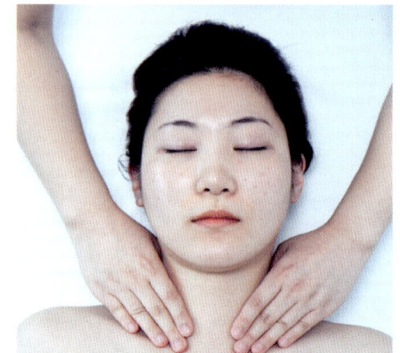

06

 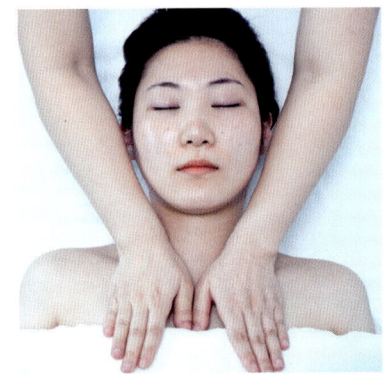

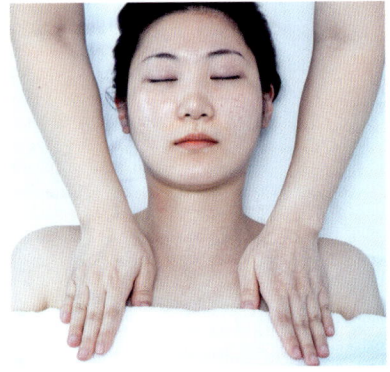 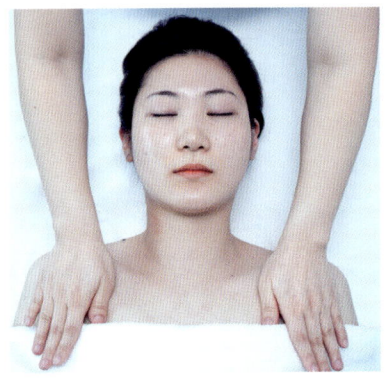

데콜테 쓰다듬기

엄지의 기저부분(손가락 아래 돌출부분)을 사용하여 데콜테 부위 가운데서 액와 방향으로 쓰다듬기(5회 반복)

얼굴관리

07

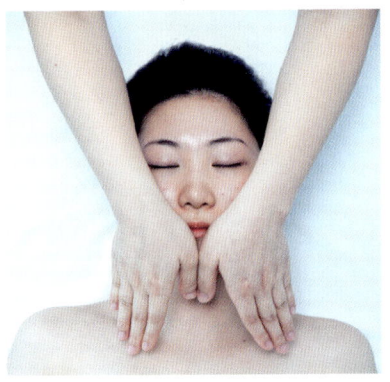 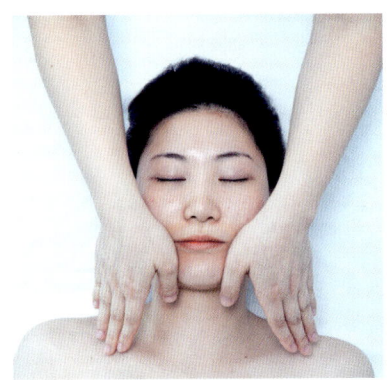

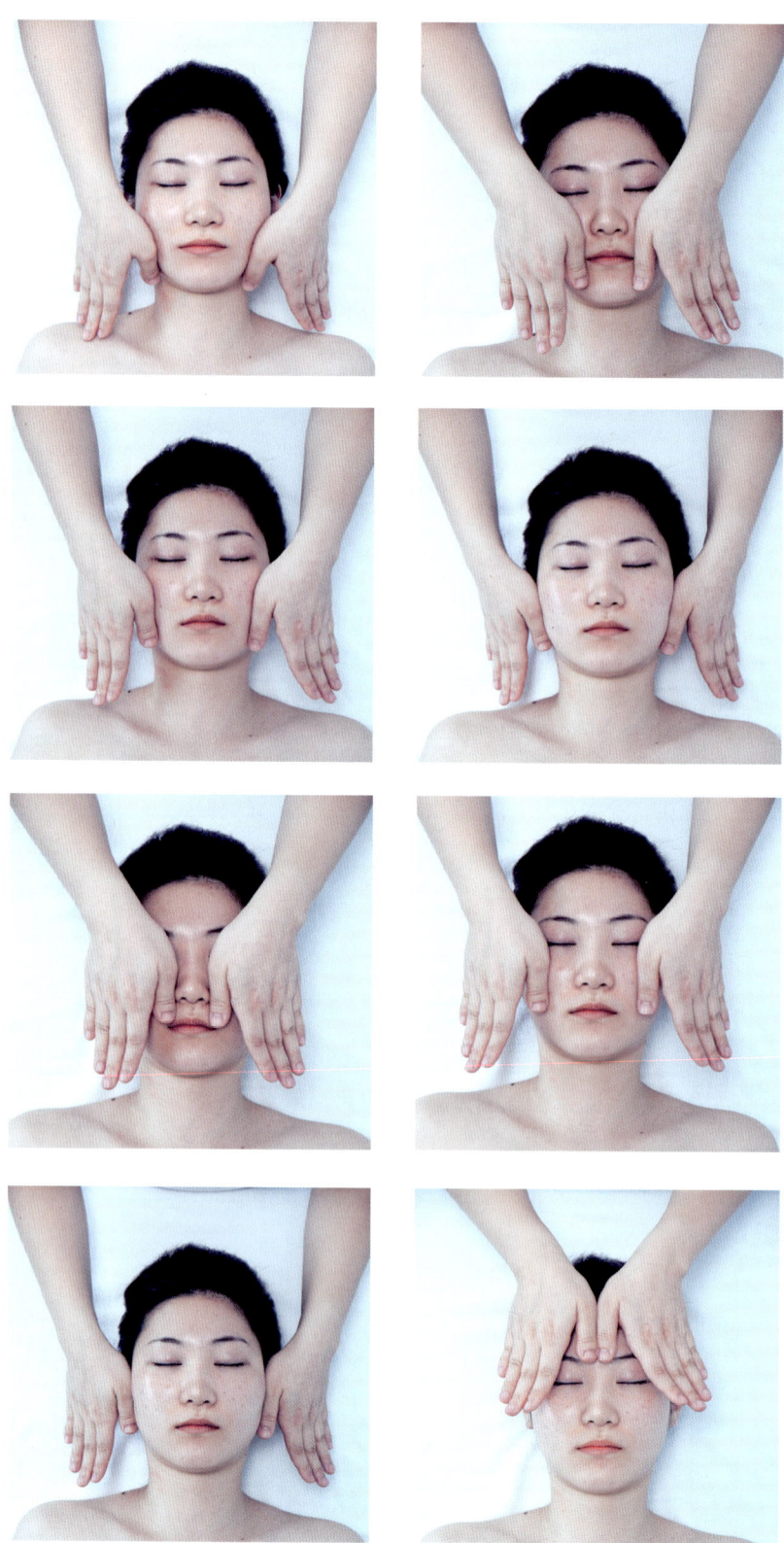

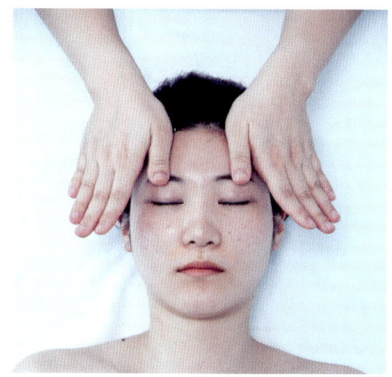
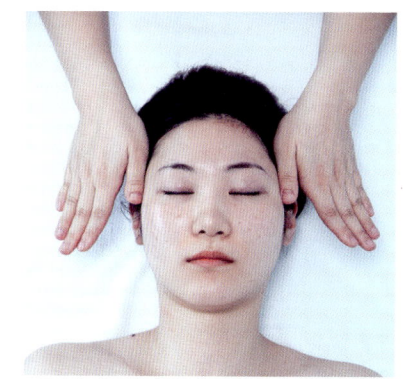

얼굴전체 쓰다듬기

엄지손가락 또는 나머지 손가락을 이용하여 아랫입술 아래 → 구각 → 윗입술 위 → 코 위 → 볼 → 이마에서 측면으로 쓰다듬기
tip_ 눈밑 쓰다듬기는 피한다.
눈밑부위는 림프가 존재하지 않음.

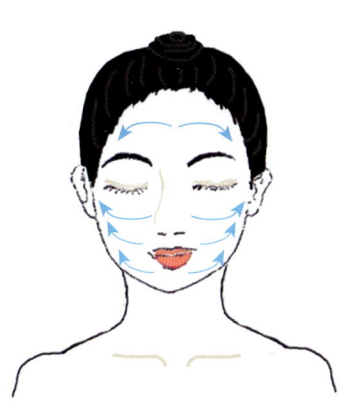

08

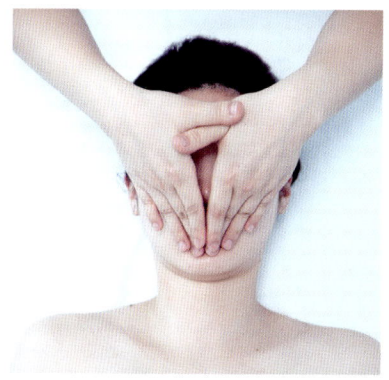

턱부위(입술아래) 고정원 그리기

아랫입술 아래 → 중간 → 하악각 → 구각 → 양볼 → 중간 → 하악각으로 진행하며 고정원 그리기 실시 (부위별 5회 반복)

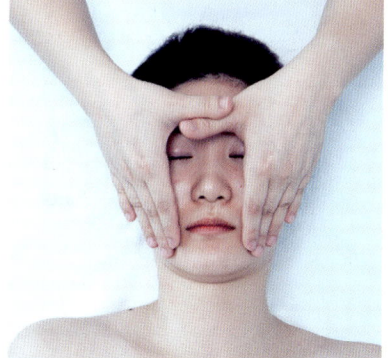
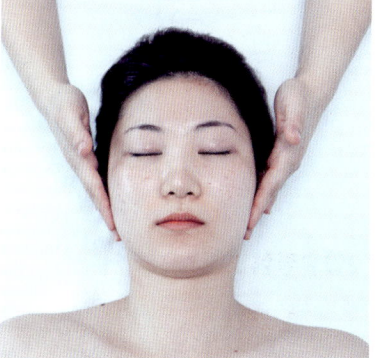

169

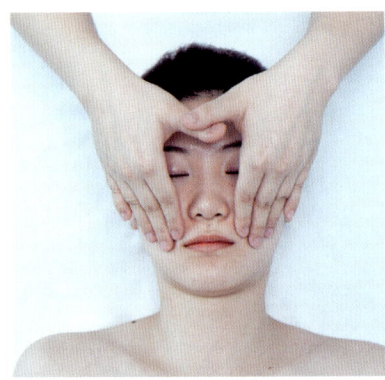
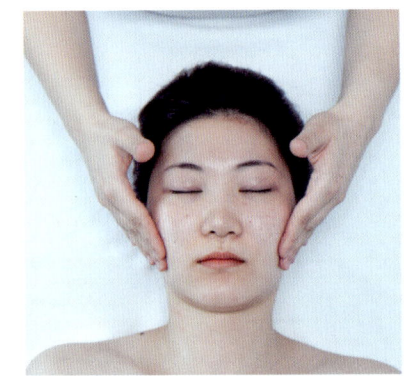

얼굴전체 쓰다듬기

엄지손가락 또는 나머지 손가락을 이용하여 아랫입술 아래 → 구각 → 윗입술 위 → 코 위 → 볼 → 이마에서 측면으로 쓰다듬기

tip_ 눈밑 쓰다듬기는 피한다.
눈밑부위는 림프가 존재하지 않음.

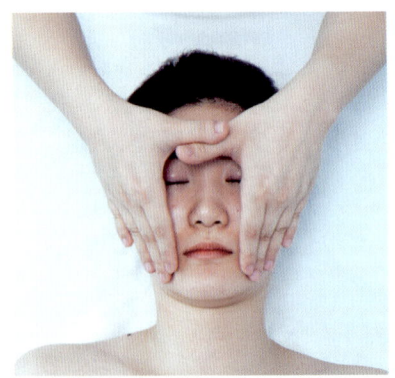
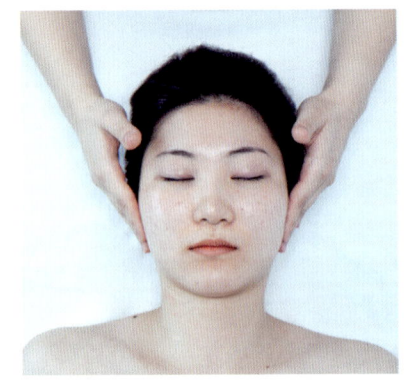

09

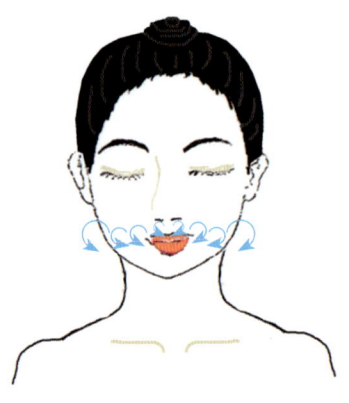

윗입술부위 고정원 그리기

윗입술 위 → 중간선 → 구각 → 하악각으로 진행하며 고정원 그리기 실시 (부위별 5회 반복)

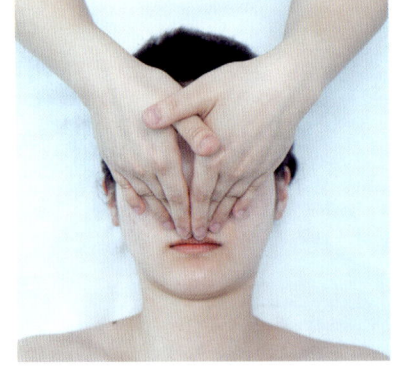
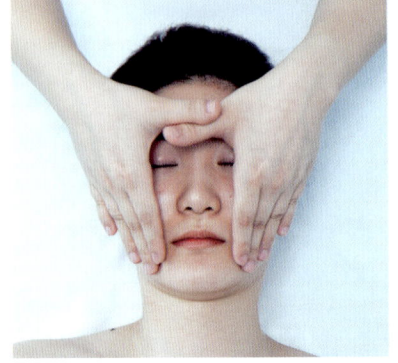

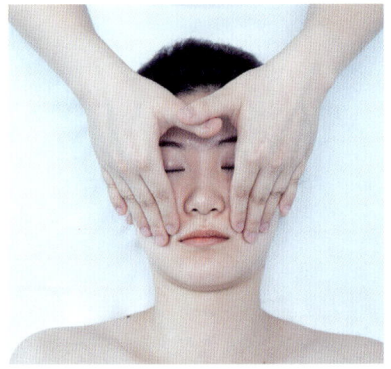
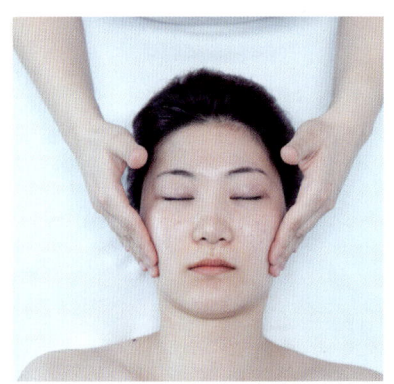

10

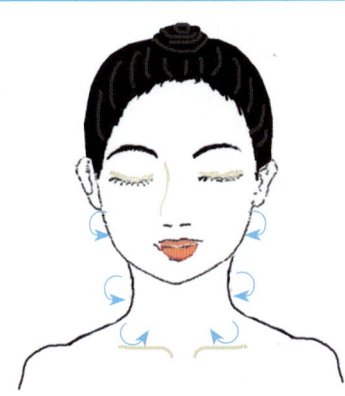
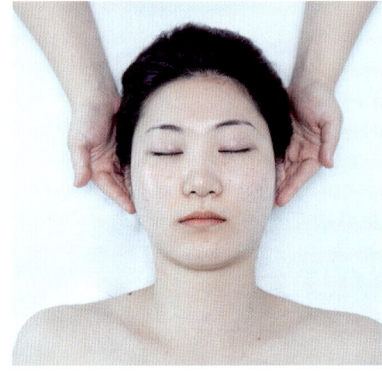

측경부 고정원 그리기

프로펀더스 → 미들 → 터미누스 고정원 그리기 실시 (부위별 5회 반복)

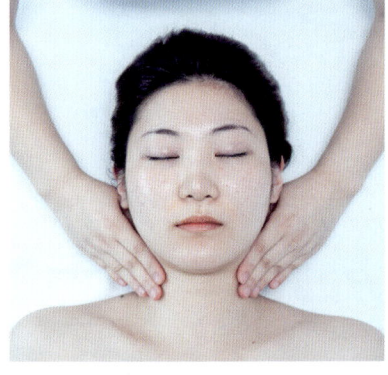
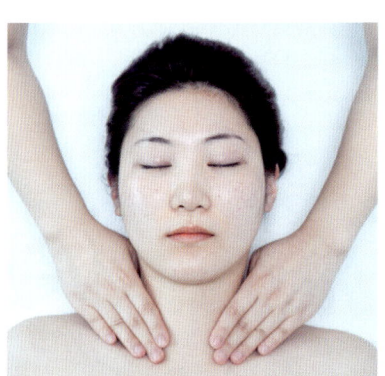

11

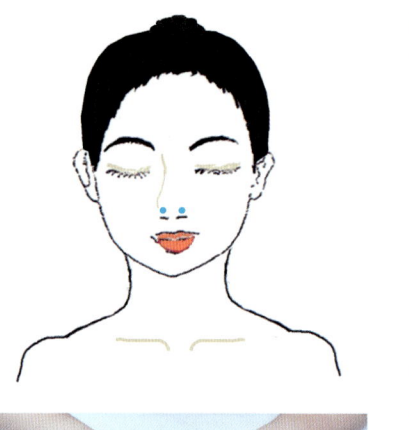 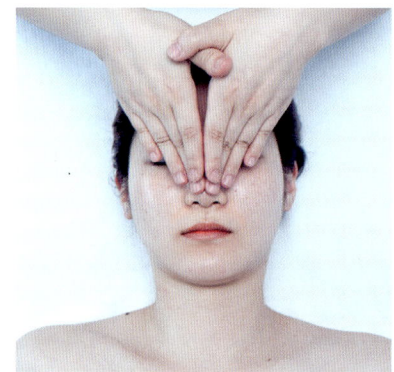

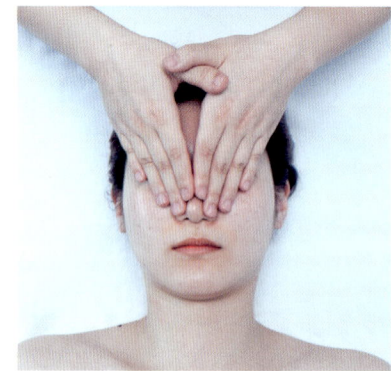 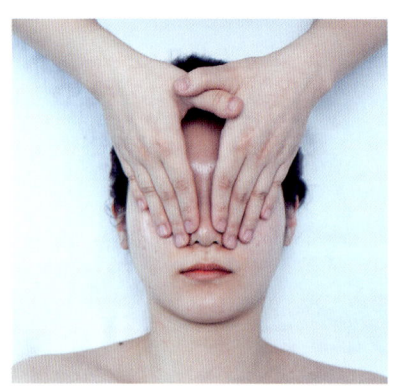

코부위 고정원 그리기 ①

콧구멍 위쪽 끝부분에서 시작해 측면으로 3점 이동하면서 중지나 사지를 이용하여 고정원 그리기 실시 (부위별 3회 반복)

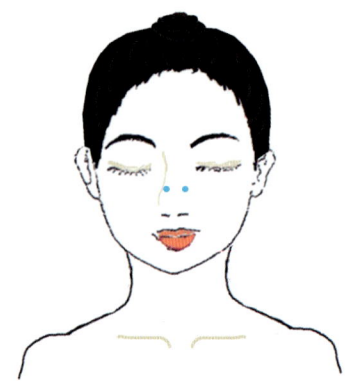 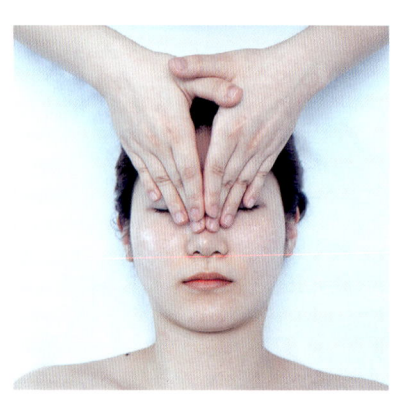

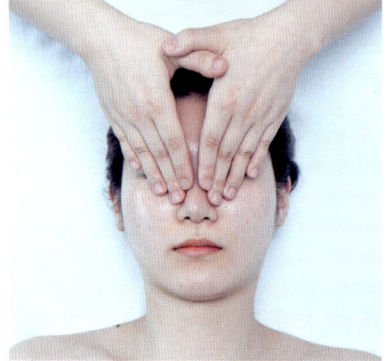 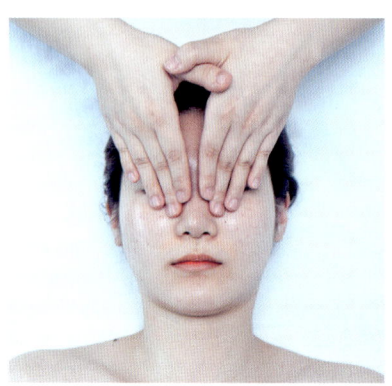

코부위 고정원 그리기 ②

11-①과 동일하게 코의 중간부분에서 시작해서 측면으로 3점 이동하면서 고정원 그리기 실시 (부위별 3회 반복)

코부위 고정원 그리기 ③

11-①과 동일하게 코의 뿌리 부분에서 시작해서 측면으로 3점 이동하면서 고정원 그리기 실시 (부위별 3회 반복)

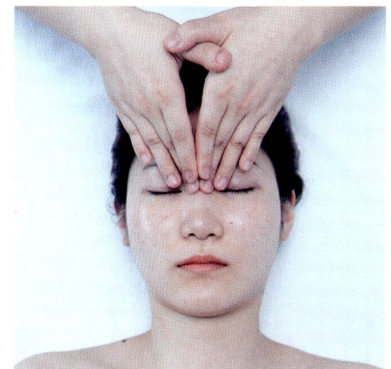
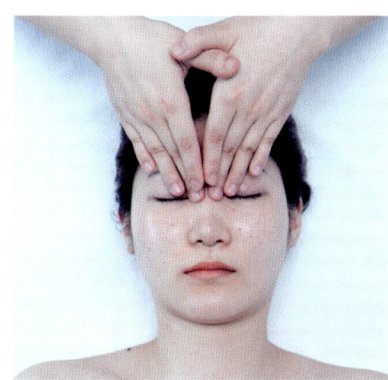
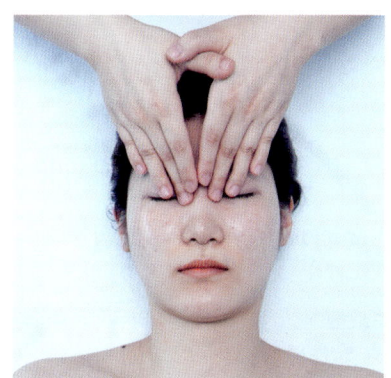

코부위 고정원 그리기 ④

코의 뿌리 측면 → 코의 중간부분 측면 → 코 끝 측면으로 3점 이동하면서 고정원 그리기 실시 (부위별 3회 반복)

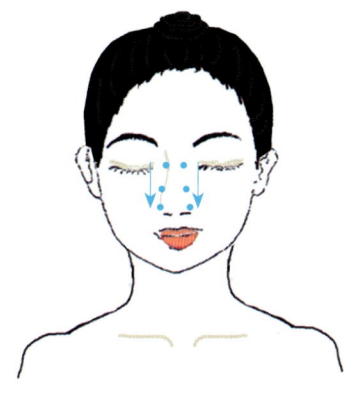
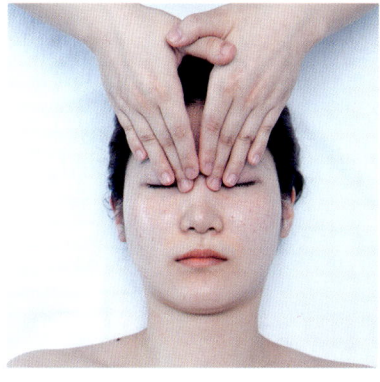
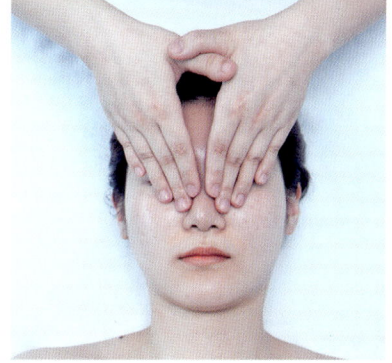
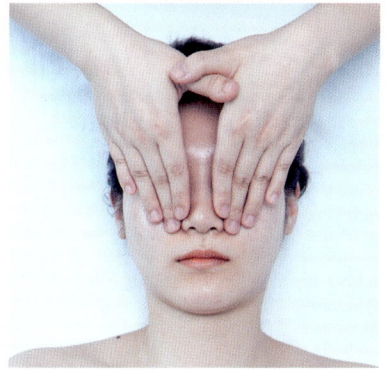

12

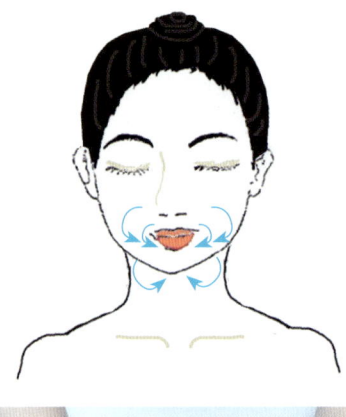 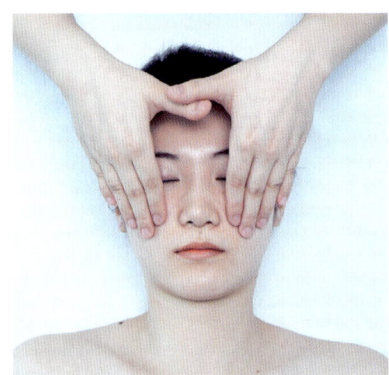

Long journey(볼 부위 고정원 그리기)

① 양볼 → 구각 → 턱부위(하악부위)에서 고정원 그리기를 실시 (부위별 5회 반복)

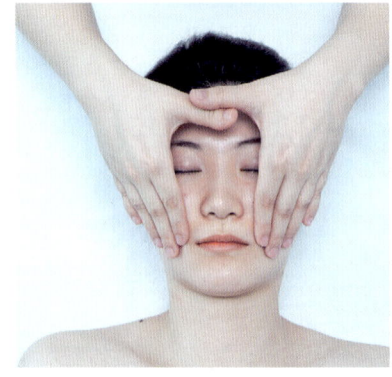 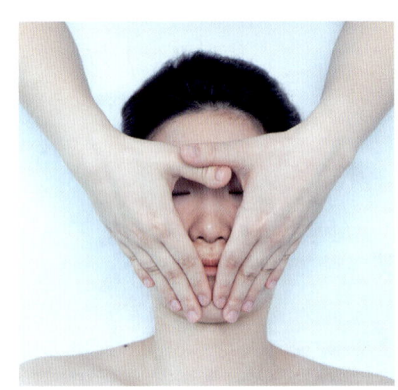

13

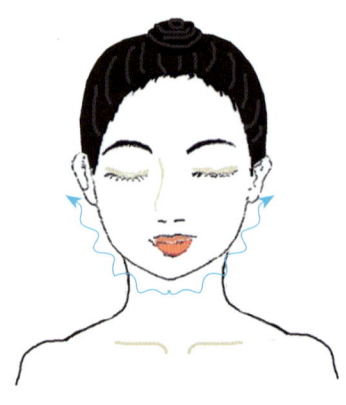 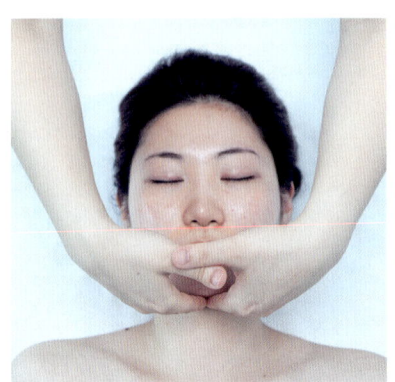

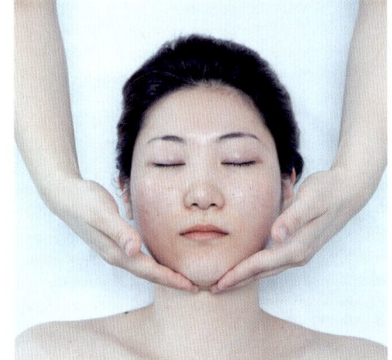 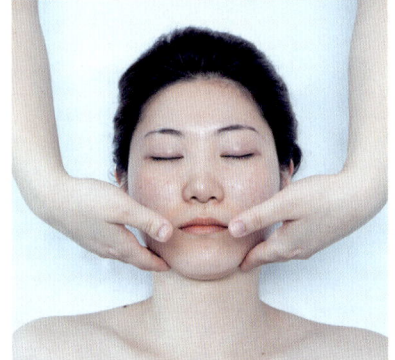

하악부위 림프액 배농

아래턱에서 프로펀더스까지 4지를 턱밑에 붙인 후 직각방향으로 손목을 꺾으며 림프배농을 진행한다. (5회 반복)

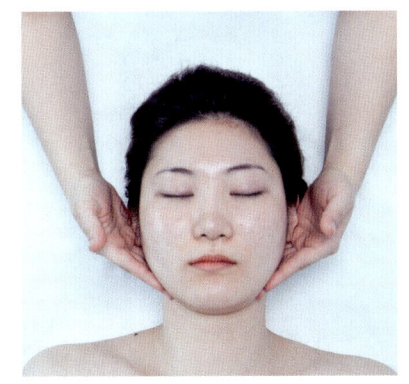
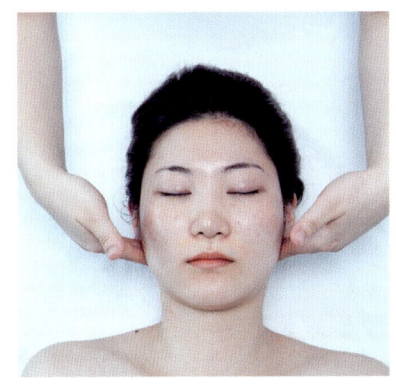

14

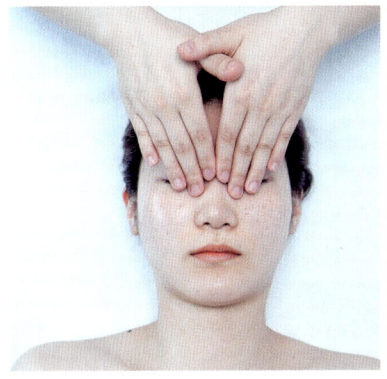

눈 부위 고정원 그리기 ①

중지를 이용하여 아랫 눈두덩이의 3위치(눈 앞 → 눈 중앙 → 눈 끝)에서 고정원 그리기 실시 (다른 부위에 적용하는 압력의 반(15mmHg) 정도로 고정원 그리기 실시 (부위별 5회 반복)

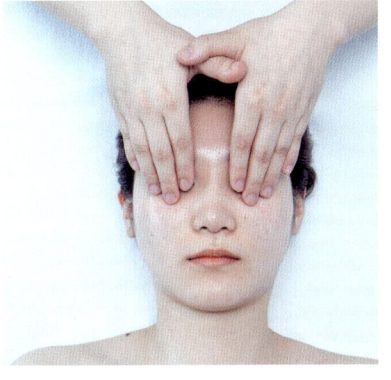
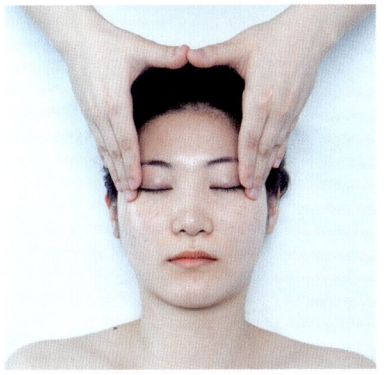

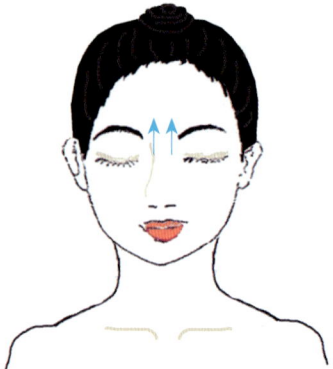
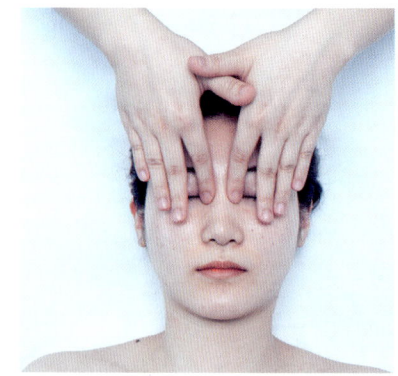

눈 부위 쓰다듬기 ②
검지로 눈 앞머리에서 눈썹 앞머리까지 쓸어준다. (5회 반복)

15

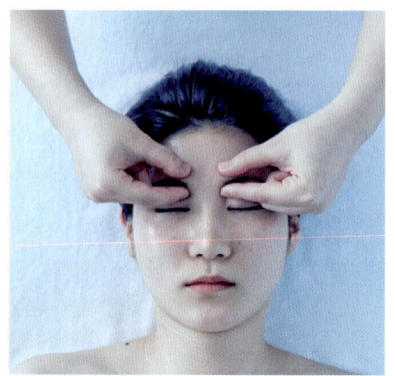
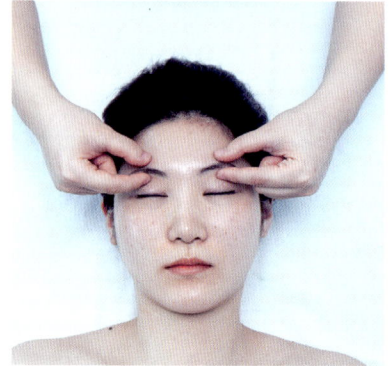
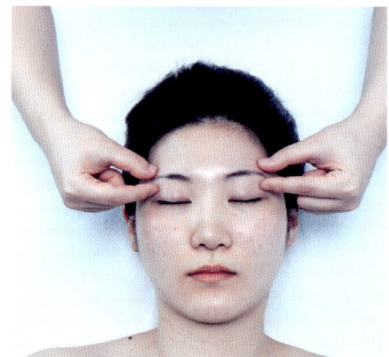

눈썹 부위 집어주기 ①
눈썹을 3등분하여 살을 들어올리 듯 살짝 집어준다. (5회 반복)

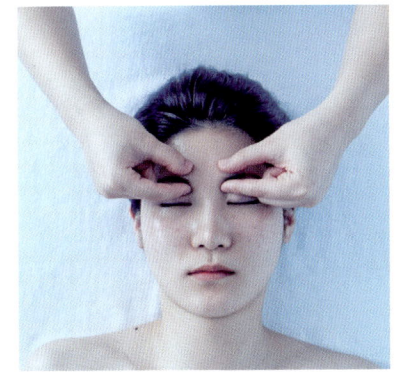

눈썹 부위 쓰다듬기 ②

코의 뿌리 부분에서 엄지를 이용하여 머리 방향으로 끌어 당긴 다음 미간을 엄지로 누르지 않으면서 손을 안쪽으로 회전(교차 하듯이)하면서 눈썹 위를 측면으로 가볍게 누른다. (5회 반복)

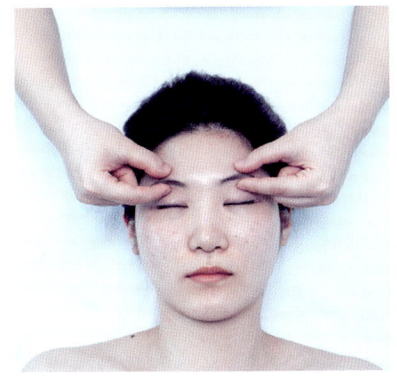
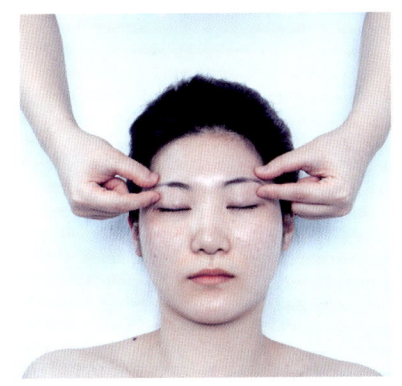

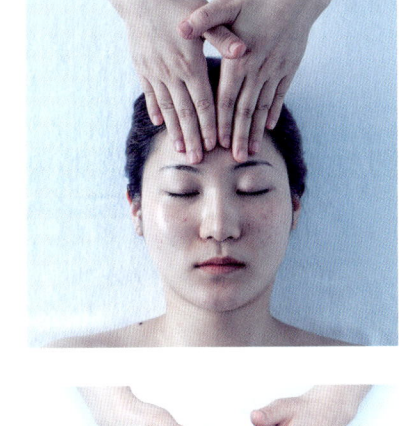

눈썹 부위 고정원 그리기 ③

검지와 중지를 이용하여 눈썹의 3위치(눈썹 앞머리 → 눈썹 중앙 → 눈썹 끝부분)에서 고정원 그리기 실시 (부위별 5회 반복)

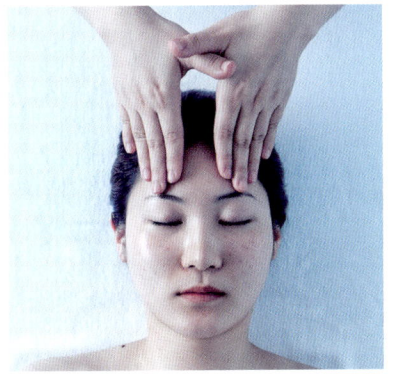
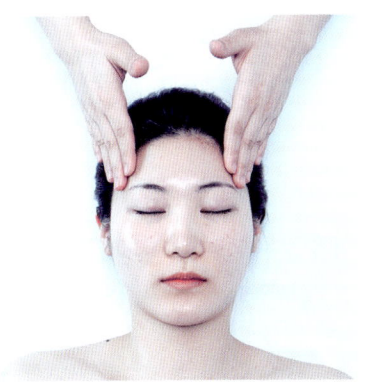

16

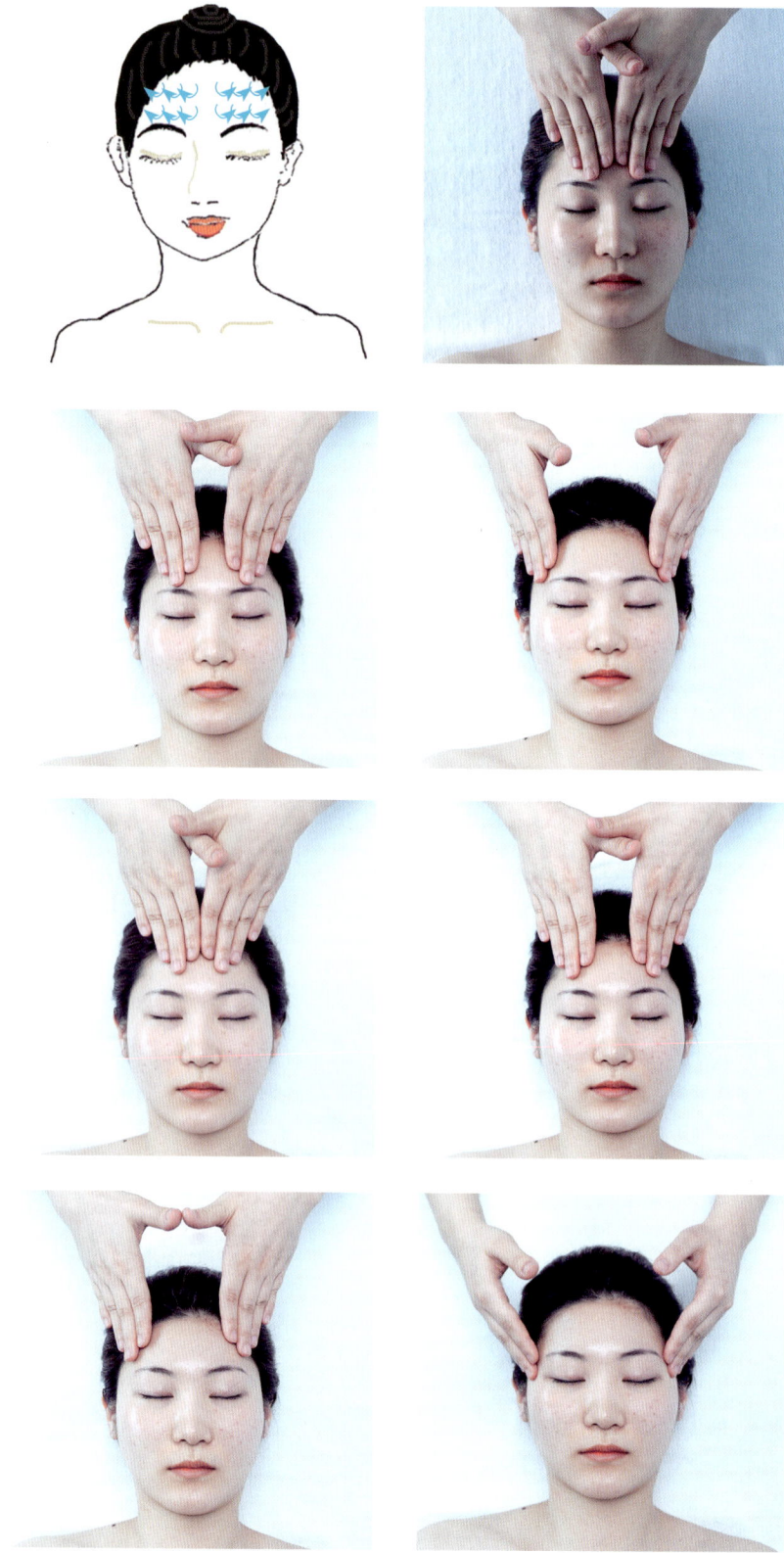

이마 부위 고정원 그리기

이마의 중간에서 측두골 방향으로 진행하면서 3위치에서 고정원 그리기 실시 후 템포라리스에서 고정원 그리기 실시 (부위별, 5회 반복)

17

 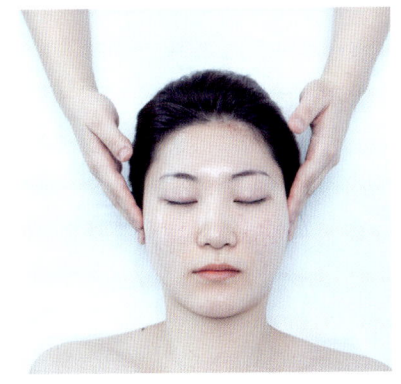

머리측면 부위 고정원 그리기

귀의 앞 부분(파로티스)에서 고정원 그리기 실시 (5회 반복)

18

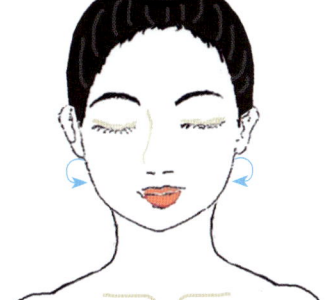 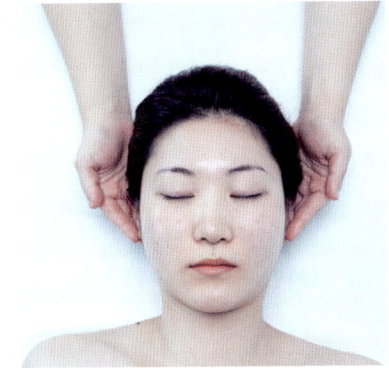

프로펀더스 고정원 그리기

집결지 비우기, 프로펀더스에서 5회씩 4회(총 20회)의 고정원 그리기 실시

19

 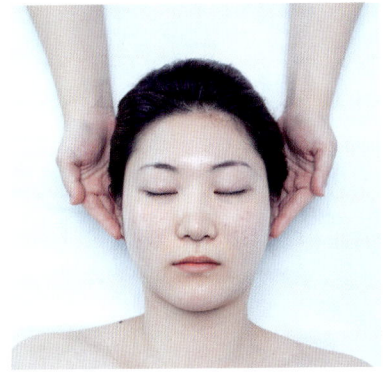

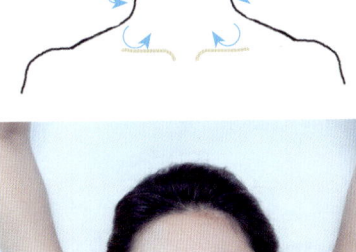 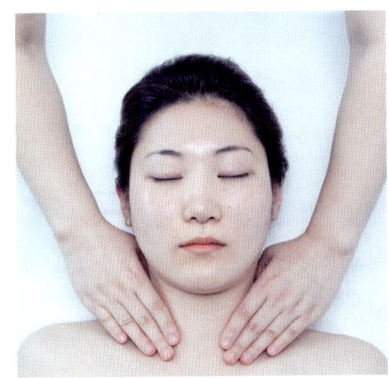

측경부 고정원 그리기

프로펀더스, 중간, 터미너스에서 고정원 그리기 실시 (부위별 5회 반복)

20

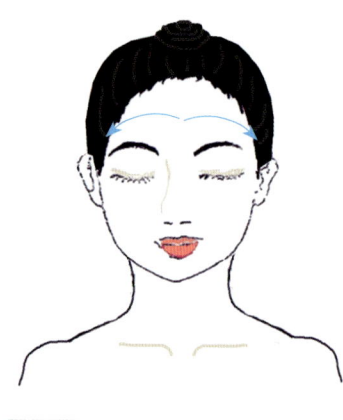 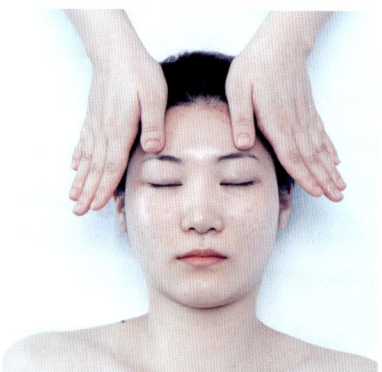

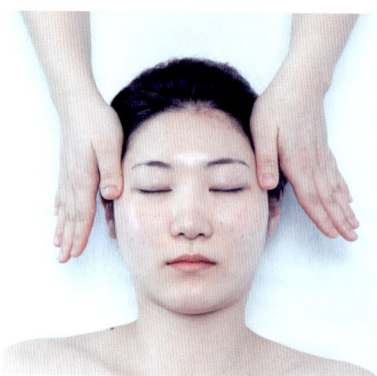 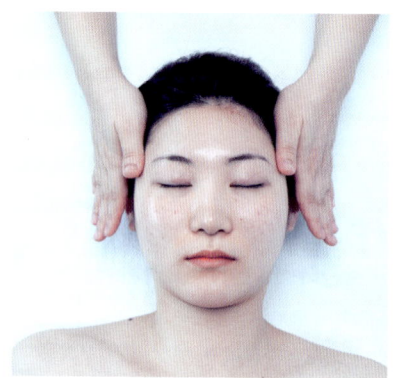

얼굴 전체 쓰다듬기 ①
엄지의 기저부분(손가락 아래 돌출부분)으로 미간에서 측두까지 쓰다듬기

 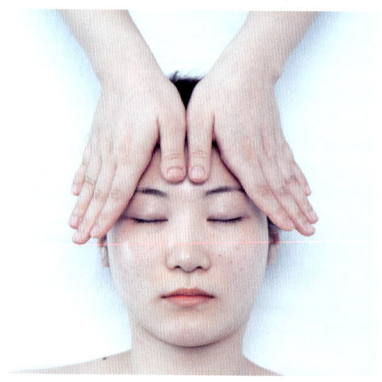

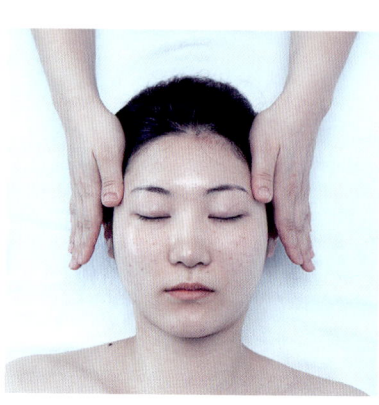 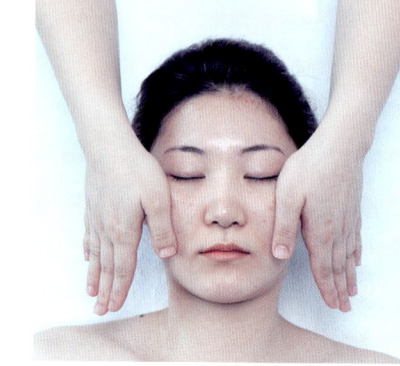

얼굴 전체 쓰다듬기 ②
측두까지 동일한 요령으로 반복한 다음 손을 안쪽으로 1/4 정도 돌려 엄지가 눈 아래 오게 한 다음 엄지와 기저부분으로 양 볼을 따라서 측면으로 가볍게 쓰다듬기

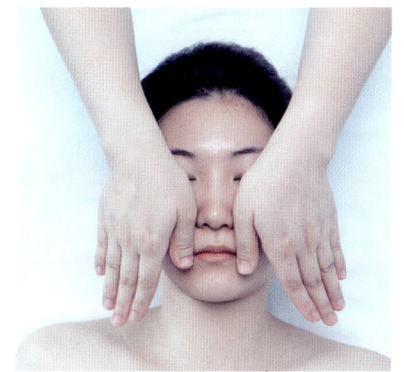
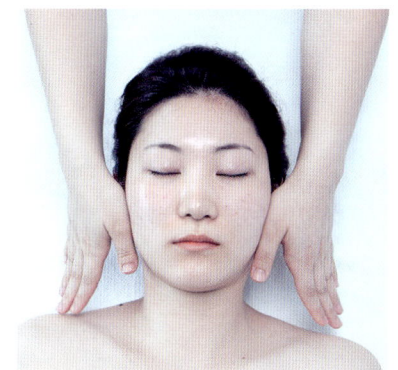

얼굴 전체 쓰다듬기 ③

손을 컵 모양으로 만들어 얼굴위에 조심스럽게 올려 놓은 다음 손을 회전시키면서 얼굴 위에 오직 손가락 끝과 손을 이용하여 측면으로 가볍게 쓰다듬기

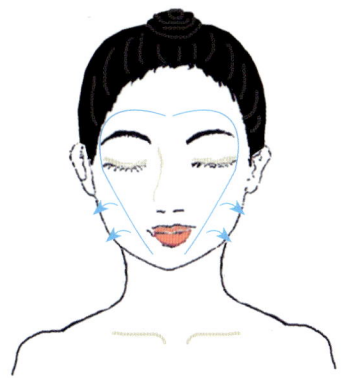
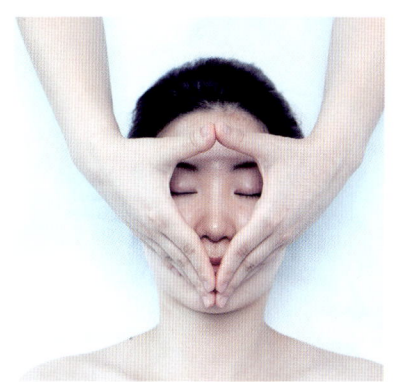
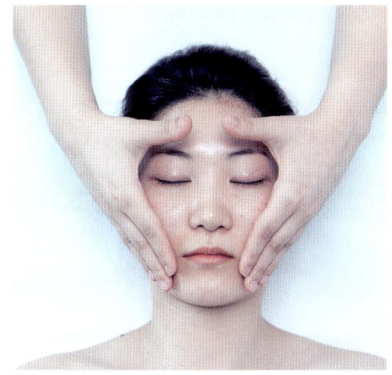
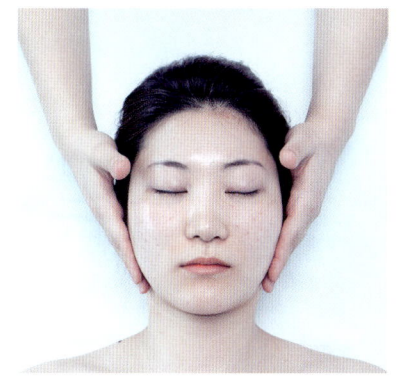

얼굴 전체 쓰다듬기 ④

턱에서 하악각 방향으로 엄지의 기저부분(손가락 아래 돌출부분)을 이용하여 가볍게 쓰다듬기

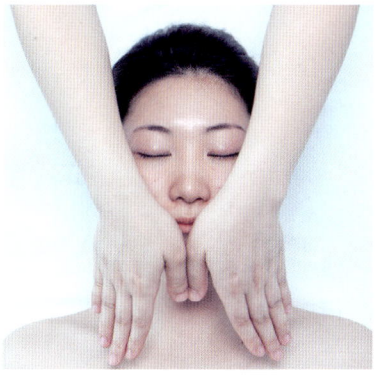

21

모든 동작이 끝난 후 모델을 안정시키도록 한다. (30초 정도)

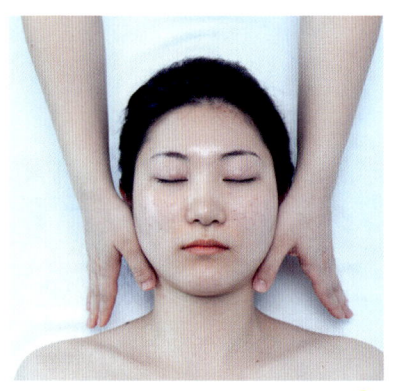 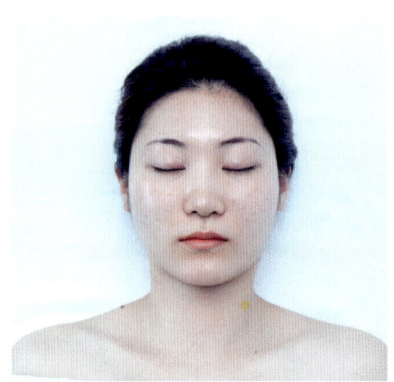

최종 점검 체크리스트

- 시험에 사용되는 모든 화장품 및 기구, 소모품류 등에는 수험자의 인위적인 표식(스티커, 싸인, 이름 등)을 할 수 없으며, 이를 위반한 경우에는 부정행위자로 처리됩니다.
- 따로 정해진 시험시간에 따라 진행되며, 각 세부작업별로 "시험종료 5분전"을 예고하고, 시험시간이 종료되면 "시험종료"를 선언합니다. 각 세부작업은 시험시간 동안 충실히 관리작업을 시행하되 시간을 초과하여 작업하는 경우는 0점 처리됩니다.
- 화장품의 사용은 여러 번 덜어서 사용하는 경우에는 볼(bowl)에 덜어서 사용하며, 한 번만 덜어서 모든 사용이 가능한 경우는 볼을 이용하지 않아도 됩니다.
- 수험자가 평소 사용하던 화장품을 사용하거나 국산품을 사용해도 채점상 불이익을 받지 않습니다.
- 시험 중에 작업에 필요한 재료를 가져가기 위한 이동(습포, 왁스)은 허용되며, 그 외 타 수험생에게 이동하거나 시험장을 벗어나는 등의 자리이동은 금지됩니다.
- 모델은 본인이 데려온 모델에 대해 관리를 하게 되며, 제시된 조건에 맞는 모델을 대동해야 합니다.
- 모델의 나이는 시행년도 기준(2009년의 경우 1992년생부터 모델가능)으로 산정되며 확인을 위해 모델의 신분증을 반드시 지참하여야 합니다.
- 모델의 화장은 정한 범위에서 가볍게 하면 되며 너무 연하게 하고 오는 경우는 시험장에서 화장의 수정을 요구할 수 있습니다.

시험전날 체크리스트

- 화장솜은 미리 정제수에 적셔서 위생팩에 담아가면 편리합니다.
- 해면은 12장 정도 준비하며 미리 적셔서 위생팩에 담아갑니다.
- 습포는 9장은 준비하되 (온습포용 6장, 냉습포용 3장) 미리 적셔서 위생팩에 담아가면 편리합니다.
- 마른 소형 타올 9장 정도는 따로 준비합니다.
    - 3장은 웨건 정리 시 필요
    - 5장은 2교시 팔과 다리 셋팅시 필요
    - 1장은 베드셋팅 시 모델의 가슴을 덮어줄 때 필요
- 수험자의 복장체크
  흰색 면티 / 흰색 바지 / 흰색 신발

공동 저자 프로필

조숙
미용사(피부) 국가자격증 필기 출제 및 감수위원
미용사(피부) 국가자격증 실기시험 감독위원
구리여성회관 피부미용 강사

김재희
미용사(피부) 국가자격증시험 감독위원
바디4테라피연구소 대표
국제사이버대학교 교수

황혜주
보건학박사
차의과대학교 메디컬뷰티산업 전공주임교수
차의과대학교 일반대학원 메디컬산업학과장
미용사(피부) 국가자격증시험 감독위원

안남훈
보건학박사
대전대학교 객원교수
미용(피부)국가자격시험심사위원
홀리스틱미용과학학술원장
피부미용인터넷교육 사이트 '홀리에듀'(http://holyedu.net) 운영